HANS EIBER

BRENN HOLZ

Spalten · Sägen · Lagern · Heizen

blv

Was Sie in diesem Buch finden

Vorwort

Ich war gerade mal 11 Jahre alt, als meine Eltern von einem Bekannten meines Vaters für ein paar Tage in dessen Wochenenddomizil in der Nähe von Salzburg eingeladen wurden. Im mit allerlei Kurzurlaubsgepäck vollgestopften VW Käfer rollten wir mit 34 PS auf der damals überall noch zweispurigen Autobahn über München in Richtung Salzburg. Unser Ziel lag nicht weit hinter der Grenze. Nach der Autobahn wurden die Straßen immer kleiner und enger und dann ging es schließlich über einen steilen, unbefestigten und sehr holprigen Weg hinunter in ein enges, schluchtähnliches Tälchen. Das »Wochenendhäuschen« entpuppte sich als eine liebevoll restaurierte, uralte Mühle, die inmitten von stattlichen Bäumen an einem fröhlich murmelnden Bach stand. Ich fühlte mich sofort wohl.

Es war ein verwunschener Ort, auch das Haus wirkte geheimnisvoll. Der Freund meines Vaters, ein herzlicher Mann mittleren Alters, führte uns durch die bejahrten Räume. Es roch alt, teilweise ein wenig modrig, aber ich fand alles toll. Das Haus vermittelte so ein »Wirtshaus-im-Spessart-Gefühl«. Mir erschien es durchaus möglich, dass hier vor ein, zwei Jahrhunderten auch schon einmal Räuber Unterschlupf gefunden haben. Meine kindliche Fantasie ging vielleicht etwas mit mir durch, bescherte mir aber wunderbare Abenteuerferien …

Am faszinierendsten fand ich aber den großen, offenen Kamin. So etwas kannte ich bis dahin nur aus den Kostüm- und Abenteuerfilmen, für die ich mich so begeisterte! Neben dem Kamin lagen große Holzscheite, und ich erinnere mich tatsächlich noch, dass der Hausherr erwähnte, es würde sich dabei um Buchenholz handeln. Er nahm zuerst etwas klein gemachtes Holz aus einer Kiste und schichtete es in der Feuerstelle auf. Ich weiß nicht mehr, wie er es entzündete, aber nach ein paar Minuten brannte ein munteres Feuerchen. Dann legte er zwei größere Scheite parallel zueinander in die Flammen. Seine Worte dazu habe ich heute noch im Ohr: »Man muss auf den richtigen Abstand der Scheite achten. Sie müssen so liegen, dass das Feuer dazwischen emporbrennen und das Holz entzünden kann. Dann erhitzen sich die Scheite gegenseitig und das Feuer wird stabil und stark.« Lägen die Stücke zu weit auseinander oder zu dicht zusammen, wäre das nicht der Fall. Über die beiden unteren Scheite legte der Mühlenbesitzer noch zwei weitere quer, ebenfalls im gleichen magischen Abstand, der die Flammen nährte und fütterte. Es dauerte nicht lange, dann prasselte ein Feuer, das jedes Wolfsrudel in die Flucht geschlagen hätte. Ich war restlos begeistert.

Zwischen dieser kleinen Lehrstunde und heute liegen fast genau fünfzig Jahre. Eine lange Zeit, in der ich mich viel mit dem Wald, den Bäumen und ihrem Holz beschäftigt habe. Das Thema Brennholz gehörte dabei immer dazu, hat mich also niemals wieder losgelassen. Inzwischen ist mir natürlich auch bewusst, dass offene Kamine, so schön sie auch sein mögen, nicht mehr in unsere Zeit passen. Außer einem durchaus respektablen Romantikfaktor besitzen sie so gut wie keine Heizwirkung. Dafür erfreuen sich moderne, heiztechnisch durchdachte Kaminöfen wachsender Beliebtheit. Sie lassen sich in der Regel problemlos in vielen Wohnungen installieren. Mit Sichtscheibe zum Beobachten des Feuers und einer allgemein sehr guten Wärmeleistung vermitteln sie ebenfalls das ersehnte »Kamingefühl«, verbrennen den nachwachsenden Rohstoff Holz weitaus effizienter und, vorausgesetzt, man beachtet bestimmte Grundsätze, mit erheblich weniger Emissionen.

Das Brennholz dazu gäbe es fertig zu kaufen, viele möchten es allerdings selbst machen. Früher war das härteste, lebensnotwendige Arbeit, heute ist tatsächlich ein wenig »Lifestyle« dabei. Und das Holzmachen ist dank moderner Motorsägen und anderer Geräte nicht mehr so anstrengend. In Mitteleuropa gibt es sehr waldreiche Regionen und im ländlichen Bereich wird das Holzmachen von vielen Waldbesitzern, aber auch Selbstwerbern ohne Waldeigentum geradezu mit Leidenschaft betrieben. Holzmachen war und ist eben mehr als Notwendigkeit oder Trend, es ist schon auch ein Lebensgefühl, eine fordernde, aber auch fördernde Tätigkeit: Draußen im Wald, in der Natur, mit einem nützlichen »Workout« kommt man (Mann) nicht nur an günstige und nachhaltige Heizmittel, sondern auch am besten zur Ruhe und zu sich selbst: Ich kenne einen älteren Waldbesitzer, der lange Jahre als Krankenpfleger auf der Dialysestation des örtlichen Klinikums gearbeitet hatte. Er erzählte mir, er habe schon immer gerne Brennholz hergerichtet. Im Wald und auf seinem Holzplatz habe er den Kopf frei bekommen vom anstrengenden und mental fordernden Dienst im Krankenhaus.

Es waren vor allem diese Begegnungen mit solchen bodenständigen, naturverbundenen Menschen, die mich letztlich dazu bewogen haben, ein bisschen Interessantes und Wichtiges, Tipps und Hinweise, vorhandene Erfahrung und Wissen zum faszinierenden Thema Brennholz in diesem Ratgeber zusammenzutragen. Ich danke allen, und es waren nicht wenige, die mir dabei geholfen haben.

Wir leben in einer Zeit, in der erneuerbare Energien immer mehr in den Vordergrund rücken. Auch Wärme soll so umweltfreundlich wie möglich erzeugt werden. Kann Holz überhaupt dazu beitragen? Die Antwort ist eindeutig ja, vorausgesetzt, man macht es richtig. Es würde mich freuen, wenn der ein oder andere durch das Schmökern in diesem Buch den Spaß und die Zufriedenheit beim Holzmachen im Wald, zu Hause beim Sägen, Spalten und Lagern sowie letztlich beim Verheizen der Scheite im Ofen, aber auch draußen an Grill und Lagerfeuer noch um eine Kleinigkeit optimieren könnte. Ein richtig angelegtes und sorgfältig kontrolliertes Feuer wärmt unsere Umgebung und unser Herz. Ein besonderes Wohlgefühl, das schwer zu toppen ist.

Ich widme dieses Büchlein meiner wunderbaren Familie, meiner Frau Gerda und unserem Sohn Robin. Er hat schon als Kleinkind vor dem flackernden Feuer im Wohnzimmer gespielt – im sicheren Abstand versteht sich –, nun war er mir beim Erstellen des Fotomaterials eine unschätzbare Hilfe. Ich hoffe, wir werden alle noch viele Jahre gemeinsam die gemütliche Wärme unseres Kaminofens genießen können.

Hans Eiber

Aschach am 6. Januar 2017, Dreikönigstag. Das ausgeprägte Kältetief »Axel« hat Bayern fest im Griff. Das Thermometer draußen am Holzschuppen zeigt −15 °C. Das Ofenfeuer brennt, der 16 Jahre alte Schotte funkelt verführerisch im Glas …

Das Brennholz und der Wald

Die Entwicklung der Menschheit ist untrennbar mit der Geschichte des Feuers verbunden. Einst war Holz als Brennstoff lebensnotwendig, heute erlebt es aus verschiedensten Gründen eine Renaissance. Der große Bedarf an Brennholz hat unsere Landschaften geprägt – und den Bewohnern des deutschsprachigen Raumes sagt man ja eine besonders innige Beziehung sowohl zum Wald als auch zur Gemütlichkeit nach… Grund genug, sich der Geschichte des Waldes und des Brennholzes näher zu widmen.

Wald und Brennholz im Lauf der Jahrhunderte

Von der Waldnutzung unserer Vorfahren bis zu unserem ressourcenschonenden Umgang mit dem Naturraum Wald war es ein langer Weg. Doch das Heizen mit Holz erfreut sich auch heute noch ungebrochener Beliebtheit.

Holz – ein in Grenzen nachwachsender Rohstoff

In der Wonderwerk-Höhle in Südafrika hat man eine Feuerstelle gefunden, die rund eine Million Jahre alt sein soll. Die eigentliche Sensation: Dass in der Asche nach dieser unvorstellbar langen Zeit noch Überreste von Pflanzen und Tierknochen nachweisbar waren, erzählt uns etwas davon, wie gezielt unsere Vorfahren das Feuer schon damals genutzt haben. Darüber, auf welche Weise sie es entfachten, können wir hingegen nur mutmaßen. Waren sie schon in der Lage, es selbst zu entzünden? Oder stammte die Flamme von einem Baum, der vom Blitz in Brand gesetzt worden war, und trugen die Menschen sie nun mit einer Wanderfackel als wohlgehüteten Familienschatz mit sich herum, stets darum besorgt, dass sie nicht wieder verlosch?

Wie auch immer die Menschheit des Feuers letztendlich habhaft wurden, – ihre Verbreitung hat von da an einen anderen Verlauf genommen. Der endgültige Siegeszug des Feuers begann, als der Mensch lernte, es in seinen Behausungen zu kontrollieren und zu kultivieren. Die heimische Feuerstelle wurde zum Mittelpunkt. Um das Feuer versammelte sich die Familie, und es verbreitete Wärme. Man konnte es nutzen, um Speisen darauf zuzubereiten und wilde Tiere zu vertreiben. Als Brennstoff wurde verwendet, was jeweils vor Ort zur Verfügung stand. In den reich bewaldeten Gebieten Mittel- und Nordeuropas war das schon immer das Holz kleinerer und größer Bäume, das in scheinbar unerschöpflicher Mengen vorhanden war.

Unser Land ist heute zu rund 30 Prozent mit Wald bedeckt. Das war nicht immer so.

Waldnutzung im Mittelalter

Zu Beginn des Mittelalters – also vom 6. Jahrhundert an – waren die meisten Regionen des heutigen Mitteleuropas zwar nicht mehr gänzlich unberührt, aber noch dicht bewaldet.

Dies änderte sich im Verlauf der darauffolgenden Jahrhunderte ganz gravierend. Holz war als Bau- und Brennstoff in den wachsenden Siedlungen der Menschen unersetzlich, und die Bestände wurden rücksichtslos ausgebeutet. Zudem diente der Wald nicht nur als Rohstoffquelle sondern auch als

Auf dieser Grafik aus dem Jahr 1899 sind im Hintergrund der Ortschaft Teunz im Oberpfälzer Wald kahle Höhenzüge zu erkennen. Besonders markant ist der »Wildstein« mit der frei liegenden Felskuppe.

Vom selben Standpunkt aus wurde mehr als 100 Jahre später, im Jahr 2016, dieses Motiv aufgenommen: Der Wald ist zurückgekehrt, vor allem der »Wildenstein« ist fast vollständig damit bedeckt.

Weidefläche für Vieh – eine andere Futterquelle als den kargen Boden zwischen den Bäumen gab es nicht: Die Schweine fraßen die Eicheln und Bucheckern, die Rinder die Blätter und zuletzt machten sich die Ziegen über alles her, was die anderen noch übrig gelassen hatten.

Durch diese ständige Übernutzung ging der Waldbestand stark zurück. In klösterlichen Aufzeichnungen aus den Jahren 1250 bis 1300 sind bereits erste Klagen über eine drohende Holznot festgehalten. Der lebensnotwendige Rohstoff Holz wuchs um die Siedlungen herum immer spärlicher.

Auch in den Städten bestanden die meisten Häuser aus Holz. Brach ein Brand aus, dann wurden ganze Stadtteile oder sogar die gesamte Ortschaft zerstört und musste neu errichtet werden. Kirchen und Kathedralen wie der Stephansdom in Wien oder die Frauenkirche in München sind zwar aus Stein gebaut, für die Baugerüste und das Kirchenschiff verwendete man jedoch Holz, und auch das Fundament besteht aus senkrecht in die Erde getriebenen Holzpfählen. Nach demselben Prinzip wurde die Basis ganzer Städte wie Amsterdam oder Venedig geschaffen. Für all das benötigte man enorme Mengen von Holz.

Die Menschen verbrauchten auch im Alltag viel Holz: zur Herstellung gewöhnlicher Gebrauchsgegenstände, aber vor allem als Brennstoff. Zu dem Holz, das die häuslichen Feuerstellen speiste, kamen die großen Mengen, die Handwerksbetriebe bei der täglichen Arbeit verschlangen, allen voran Bäckereien, Metzgereien und Schmieden.

Der Holzbedarf war riesig, aber niemand dachte daran, sparsamer mit dem Rohstoff umzugehen. So kam es, dass manche Regionen im Verlauf weniger Jahrhunderte fast gänzlich entwaldet waren – so zum Beispiel die Gegend südlich von Regensburg und Straubing im 10. Jahrhundert. Das natürlich trotzdem benötigte Holz musste von den Südhängen des Bayerischen Waldes herbeigeschafft werden, was mit den damals vorhandenen Mitteln und angesichts der schlechten Verkehrswege eine sehr beschwerliche Angelegenheit war.

In dem Maß, wie die Bevölkerung wuchs, nahm auch die Ausbeutung des Waldes zu. Im Verlauf des Mittelalters wurden Wald und Holz zunehmend zum Zankapfel zwischen den Herrschenden und der bäuerlichen Bevölkerung. Die einst freie Waldnutzung für alle wurde durch örtliche Regelungen der weltlichen und geistlichen Grundherrschaften immer mehr eingeschränkt. Diese hatten das Recht auf Zins- und Arbeitsleistungen der Bauern, mussten ihnen aber im Gegenzug die Entnahme von Brenn- und Nutzholz und das Weiden der Tiere im Wald erlauben. Dass einige Machthaber versuchten, die Rechte ihrer Untertanen im Wald über ein erträgliches Maß hinaus zu beschneiden, war ein Grund für die Bauernaufstände im 16. Jahrhundert. Indessen drohte der Wald selbst zwischen den Interessen der Grundherrschaft und dem Rest der Bevölkerung zerrieben zu werden. So entsetzlich es klingt: Über einige Jahrzehnte erholen konnte sich der Wald immer nur dann, wenn in einer Region viele Menschen durch Kriege oder Seuchen starben.

2000 Jahre alte Baumstümpfe in den Mooren beweisen, dass auch der Westen Irlands einst bewaldet war.

Tag der offenen Tür im alten Hammerwerk des Bergbaumuseums Theuern in der Oberpfalz.

Steigender Bedarf durch technischen Fortschritt

Diesen kurzen Phasen der Erholung für den Naturraum Wald stand aber der alsbald explodierende Holzbedarf durch den technischen Fortschritt gegenüber. Im Spätmittelalter sorgte die Weiterentwicklung der Waffentechnik für eine steigende Nachfrage nach Eisen und daraus hergestellten Produkten wie etwa Ritterrüstungen. Die im Tagebau geförderten Erze wurden bei hohen Temperaturen geschmolzen, wofür enorm viel Holzkohle nötig war.

Überall schwelten die Feuer der Kohlenmeiler. Sie wurden meist direkt auf der Schlagfläche errichtet, um das Holz nicht weit transportieren zu müssen. Von dort brachte man die Kohle zu den an den Wasserläufen angesiedelten Hammerwerken, wo man jede Menge Brennstoff benötigte. Der damit verbundene Raubbau am Holz der Waldbestände führte teilweise zur Vernichtung derselben.

Ein frisch aufgerichteter Kohlenmeiler.

Diese Waffenschmieden waren enorm wichtig für die Herrscher und deshalb setzten sie alles daran, ihre Versorgung mit Brennstoff sicherzustellen. Andererseits wurde die Köhlerei mancherorts zeitweilig verboten, um der fortschreitenden Waldzerstörung Einhalt zu gebieten, so zum Beispiel zu Beginn des 14. Jahrhunderts in der Oberpfalz rund um die Städte Amberg und Sulzbach-Rosenberg, wo es reiche Erzlager gab. Das bedeutete das Ende der dortigen Hammerwerke. Sie mussten sich weiter entfernte Standorte suchen, an denen die Waldzerstörung von Neuem begann.

Doch nicht nur die beginnende Montan-Industrie, auch andere wichtige Gewerbezweige im Mittelalter, die Salzsiedereien, Glashütten und Kalkbrennereien, trugen zu diesem Zerstörungswerk bei. Das zur Konservierung von Lebensmitteln lebensnotwendige Salz wurde damals in riesigen Mengen gewonnen, und die energie- und damit holzverzehrenden Salinen sorgten lokal für großflächige Entwaldung. Durch diese Art der Plünderung ist zum Beispiel die bekannte Lüneburger Heide entstanden. Die Lüneburger schafften ihr Holz daraufhin unter anderem aus dem Westen Schleswig-Holsteins herbei – mit dem Ergebnis, dass die Waldanteile dort heute noch geringer sind als im östlichen Landesteil.

Diese Zuspitzung rief aber auch Gegenbewegungen auf den Plan, die sich auf vorausschauende Überlegungen stützten: Um die Reichshauptstadt Nürnberg herum, die ganz besonders unter der fortschreitenden Holznot litt, ließ beispielsweise der Patrizier Peter Stromer im Jahr 1368 verschiedene Nadelbäume, aber vor allem Kiefern, auf den inzwischen fast waldleeren Böden des »Reichswaldes« ansäen. Mit Erfolg. Später trug der Berufsstand der »Dannensäer« diese erfolgreiche Methode auch in andere, ebenfalls von Holzmangel betroffene Regionen weiter.

Heiden und Trockenrasen entstanden in Mitteleuropa durch den Raubbau des Menschen am Wald.

Anfänge des Waldschutzes

Im Laufe des Mittelalters entwickelten die jeweiligen Landesherren ein zunehmendes wirtschaftliches Interesse am Rohstoff Holz, schließlich konnte es gewinnbringend verkauft werden. Auf der anderen Seite endeckten immer mehr adlige Grundbesitzer die Jagd als geselliges Freizeitvergnügen – auch dafür benötigte man die verbleibenden Waldflächen. Störungen von »außen«, also durch die Normalbevölkerung, waren da unerwünscht, und manche Ländereien wurden kurzerhand zu »Bannwäldern« erklärt. Das hieß, dass die Holznutzung häufig noch erlaubt war, aber unter Umständen scharf reglementiert wurde; Wilderei durch die bäuerliche Bevölkerung hingegen wurde hart bestraft, mancherorts sogar mit dem Tod. Dieses eigennützige Vorgehen der vielen eigenständigen Fürstentümer hatte langfristig gesehen aber auch einen positiven Effekt: Es ist einer der Gründe dafür, dass es heute in Deutschland noch relativ viele zusammenhängende Waldgebiete gibt. Eines der größeren ist der Spessart, der sich von Nordbayern bis Südhessen erstreckt und bereits im Mittelalter hochherrschaftliches Jagdgebiet war.

Die Maßnahmen zur Beschränkung der Holznutzung hatten ganz konkrete Auswirkungen auf den Alltag der Bevölkerung: So verbot der Magistrat im altpreussischen Amt Memel 1549 einzelne Badestuben auf den Bauernhöfen. Stattdessen mussten jeweils zehn Nachbarn ein Gemeinschaftsbad nutzen. Das mag zwar Holz gespart haben, aber durch die mangelnde Hygiene konnten sich Krankheiten leichter ausbreiten, und dies führte letztlich zu einem Rückgang der damals beliebten Badekultur.

Holzarbeit war ein die ganze Familie fordernder Knochenjob.

Mancherorts wurde auch die Anzahl der Backöfen auf einen im Dorfbackofen beschränkt. In einigen Gegenden, wie etwa in der Oberpfalz, haben sich diese alten Dorfbacköfen bis heute erhalten.

Ansätze zum Sparen

Ein Ansatzpunkt zum sparsamen Umgang mit Holz ist die Heiztechnik. Was die Energieausbeute beim Betrieb häuslicher Feuerstellen angeht, waren die alten Römer anderen Völkern weit voraus: Sie hatten zum Beispiel die ersten Fußbodenheizungen – sogenannte Hypocaustenheizungen –, bei denen heiße Luft von externen Öfen durch Röhren unter dem Fußboden hindurchgeleitet wurde. Zwar musste der Zentralofen tüchtig befeuert werden, aber die Heizwirkung konnte recht genau berechnet werden. Nach dem Untergang des Römischen Reiches geriet diese weit entwickelte Wärmetechnik in Vergessenheit. In Mitteleuropa kannte man hingegen über lange Zeit nur offene Einzelfeuerstellen im Haus, bis vor rund 1000 Jahren mit den Vorläufern der Kachelöfen erste Ansätze für eine etwas bessere Energieausbeute gefunden wurden. Mit der technologischen Weiterentwicklung der Eisenverhüttung kamen auch gusseiserne Einzelöfen auf. Aber verglichen mit den ausgeklügelten heutigen Heizsystemen hatten alle Feuerstellen einen extrem schlechten Wirkungsgrad; sie verbrauchten sehr viel Holz, ließen aber einen Großteil der Wärme durch den Schornstein entweichen.

Erst gegen Ende des 16. Jahrhunderts, als viele Wälder bereits degradiert – also in ihrer Qualität beeinträchtigt – oder ganz verschwunden waren und um die Ballungszentren herum immer weniger Holz zur Verfügung stand, setzte langsam ein ernsthafterer Trend zum Energiesparen ein: Die »Holz-Spahr-Kunst« war in aller Munde, und 1763 schrieb König Friedrich II. von Preußen den ersten Wettbewerb aus für die Entwicklung eines »Stu-

Gemeinschafts-Dorfbacköfen sollten das immer knapper werdende Brennmaterial sparen.

Offene Kaminöfen sind zwar unschlagbar romantisch, aber nicht sehr energieeffizient.

benofens, so am wenigsten Holz verzehret«. Das Siegermodell war das erste mit Drosselklappe und eingebauter Rostfeuerung. Derartige Staatsprämien für die Konstrukteure von Sparöfen fanden Nachahmer, zum Beispiel in der Kurpfalz, der Region um Mannheim und Heidelberg, und Öfen wurden populärer. Deutsche Siedler in Nordamerika fielen bereits im 18. Jahrhundert durch die geschlossenen Öfen in ihren Häusern auf, während Einwanderer aus anderen Nationen weiterhin wenig energieeffiziente offene Kamine einbauten.

Das Blatt wendet sich

Manche gebildete Landesherren und hohe Staatsbeamte dieser Zeit wussten durchaus, dass schon die alten Mittelmeerkulturen letztlich an der Waldzerstörung in ihren Regionen zugrunde gegangen waren. Aber seit Jahrhunderten befanden sich die Machtinhaber in einem Dilemma: Einerseits benötigten sie das Holz der Wälder, um die Wirtschaftskraft ihrer Länder zu heben und die Versorgung ihrer Untertanen zu gewährleisten, auf der anderen Seite wollten sie es vor ihnen schützen. Diese Untertanen beachteten die neu erlassenen Vorschriften, Gesetze und Forstordnungen nicht unbedingt. Viele, die sich bisher auf alte Holzrechte berufen konnten, gingen mit dem Wald weiterhin um, wie sie es gewohnt waren.

Der Kampf um die Ressource Holz wäre auch Ende des 18. und Anfang des 19. Jahrhunderts unvermindert auf dem Rücken des Waldes ausgetragen worden, wäre nicht Entlastung von anderer Seite gekommen: Die energiereiche Steinkohle setzte sich als Alternative zum Holz durch und brachte die Industrialisierung in Fahrt. In manchen Regionen Englands, wo die Bevölkerung ebenfalls sehr unter der (selbst herbeigeführten) Entwaldung litt, nutzte man Steinkohle schon viel früher. Auch die Stadt Brügge in Flandern kaufte im Zeichen notorischen Brennstoffmangels bereits um 1200 herum von den Engländern Kohle. Und gegen Ende des 18. Jahrhunderts wurde Steinkohle in Mannheim, wo sie relativ einfach über den Rhein beschafft werden konnte, per Dekret zum Ersatz für Holz erklärt: Alle Garnisonen, Ziegler, Schmiede, Schlosser und Bierbrauer mussten sie verwenden. Letzteren gelang es allerdings, sich der Regelung zu entziehen: Offenbar schmeckte das Bier durch die Kohlefeuerung der Braukessel nicht mehr so recht. Die Brauer erhielten die Erlaubnis, »ausländisches« Holz zu verwenden. Wegen des damaligen Flickenteppichs aus kleinen Staatsgebilden auf deutschem Boden begann das »Ausland« allerdings gleich um die Ecke.

Ein weiterer Puzzlestein zur Veränderung der Waldnutzung war der Rückgang der Weidewirtschaft: Der Einfuhr von Baumwolle aus Amerika ließ Schafwolle als Rohstoff für die beginnende Textilindustrie in den Hintergrund treten. In der Folge konnte sich der Wald langsam Flächen zurückerobern.

In der zweiten Hälfte des 18. Jahrhunderts entstand schließlich die Lehre von der Forstwissenschaft, die sich dem Problem mit botanischen und ökonomischen Ansätzen näherte und nach praxistauglichen Lösungen suchte. Dazu kam die Idealisierung des Naturraums Wald im Zeitalter der Romantik, Anfang des 19. Jahrhunderts: Dichter beschrieben den Wald, Künstler malten ihn und die Bevölkerung begann Anteil an seinem Schicksal zu nehmen. In diesem für den Wald günstigen, freiheitlich geprägten politisch-gesellschaftlichen Umfeld begann im deutschsprachigen Raum – anders als in Resteuropa – eine Phase größerer Aufforstungen. Weil es schnell gehen sollte, wurde rasch wachsendes Nadelholz angesät. Auch ein großer Teil des heute vorhandenen Privatwaldes geht auf den Verkauf bis dahin gemeinschaftlich bewirtschafteter Wälder – sogenannter Markwälder – in der Zeit des Liberalismus zurück. Damals wurde also der Grundstein für unsere heutigen Wälder gelegt.

Ende und Renaissance des »hölzernen Zeitalters«

Das sogenannte hölzerne Zeitalter, also die Zeit des höchsten Holzverbrauchs, neigte sich Anfang des 19. Jahrhunderts aus verschiedenen Gründen dem Ende zu. Immer noch wanderten aber etwa 80 Prozent des Holzeinschlags zur Wärmegewinnung in den Ofen. 100 Jahre später war es nur noch etwa die Hälfte und um 1950 nur noch ein Drittel. In den Städten setzte man stattdessen auf Kohle und immer öfter auf Erdöl als Heizstoff, auf dem Land blieb man hingegen länger beim Holz. Für Waldbesitzer oder Forstberechtigte war es selbstverständlich, ihr eigenes Produkt zu nutzen. In den 1930er-Jahren wurden in Forstbetrieben unter zehn Hektar Größe etwa zwei Drittel des Holzeinschlags für Heizzwecke verwendet. Bei kleinerem Waldbesitz findet man eine so hohe bis ausschließliche Brennholznutzung bis heute.

Wenn auch im Laufe der vergangenen Jahrhunderte vieles neu geregelt und reglementiert wurde, das Sammeln von auf dem Boden liegendem totem Holz war meistens erlaubt beziehungsweise gegen ein geringes Entgelt gestattet. Dazu wurden – und werden teilweise immer noch – von den Förstereien sogenannte Lesescheine oder Holzsammelscheine ausgegeben. Auch im Rahmen der

Das vor dem Haus lagernde Brennholz war im Kriegsjahr 1944 noch lebensnotwendig, um den Winter zu überstehen. Dieses Anwesen in der Oberpfalz genießt heute noch Holzrechte im Gemeindewald.

»Allmende«, also des gemeinsamen Eigentums einer Dorfgemeinde, hatten die Einwohner das Recht zur Holzentnahme. Aus den Flächen dieses Gemeineigentums gehen Teile der heutigen Kommunalwälder der Städte und Gemeinden hervor. Bis heute haben sich dort vielerorts Holzrechte erhalten, sofern sie nicht von den Kommunen gegen Geld abgelöst wurden. In kleineren Ortschaften sind sie meist bestimmten Anwesen zugeordnet und reichen manchmal bis ins 17. Jahrhundert zurück. Auch wenn dieses Holz im Gegensatz zu früher nicht mehr überlebensnotwendig ist, wird das eigene Holzrecht gerade auf dem Land nicht selten mit Zähnen und Klauen verteidigt: Schon so mancher Bürgermeister, der die Geschicke des Gemeindewaldes vom Rathaus aus lenken wollte, musste im Hinblick auf das alte Gewohnheitsrecht zur Brennholzgewinnung kapitulieren.

Holzrechte heute und damals: Holzrechtler und Gemeindevertreter bei der Brennholzverteilung im Kommunalwald.

»Holzweiberln« tragen in der Nachkriegszeit Brennholz für den Küchenherd nach Hause. Bis heute haben sich vielerorts Rechte zur Brennholzentnahme erhalten.

Frisch geschlagenes Brennholz in verschiedenen Aufarbeitungsstufen: Besonders das Spalten der 1-Meter-Rundlinge war vor Entwicklung hydraulischer Holzspalter eine schweißtreibende Tätigkeit.

Holzlese in der Nachkriegszeit

Von Hans Wurm, Oberstudiendirektor a. D., Weiden/Opf.

Brennholzsammeln war in den entbehrungsreichen Nachkriegsjahren in weiten Bevölkerungskreisen ebenso notwendig wie selbstverständlich. Für Berlin und Umland hat der Soziologe und Krimiautor Horst Bosetzky (alias -ky) das in seinem eindrucksvollen zeitgeschichtlichen Roman über die Überlebenskünste eines Schlüsselkindes, »Brennholz für Kartoffelschalen«, beschrieben. Auch im landwirtschaftlich ertragsarmen Oberpfälzer Wald war das »Wagerlholz« – so nannte man das dürre Astholz von in der Regel zwei bis vier Zentimeter Durchmesser – für viele unentbehrlich. Gekocht und geheizt wurde mit Holzöfen, die in den Wohnküchen standen. Selbst wenn man sich für den Winter teures Laubholz und einige Zentner Briketts für den nachhaltigen Wärmebetrieb der Öfen leisten konnte: im Sommer wurden nur solche selbst gesammelten Stecken verwendet – sie eigneten sich ideal zum schnellen Kochen ohne unerwünschte Speicherwärme.

Auf ins Holz

An trockenen Tagen zog man also mühselig mit dem Handwägelchen – das bis in die 70er-Jahre noch über keine Luftbereifung verfügte – oder auch mit der Kraxen auf dem Rücken los »ins Holz«, wie jedermann sagte, denn man betrachtete den Wald in erster Linie als Nutzraum. Sammelerfolg versprechende Waldareale trugen bei uns zwar so poetische Namen wie Glöckelstein, Zengerberg, Hahnenau, Moosmühlholz, Buchenbuckel, Kasperschlag oder Waldfrieden, hatten jedoch allesamt den Nachteil, dass sie kilometerweit entfernt lagen. Über Hohlwege, Kirchsteige und Hangpfade dorthin zu gelangen, erforderte Geländegängigkeit und viel Schweiß. Immerhin gab es Restholz in rauen Mengen, da die Männer aufgrund von Krieg und Gefangenschaft seit Langem abwesend waren, was zu einer Durchforstungslücke von etlichen Jahren geführt hatte. Stecken, Knüppelholz und vertrocknete Fichtenstangen wurden ebenso gesammelt wie Gipfelbruch und Windwurf; darüber hinaus las man Kiefern- und Fichtenzapfen zusammen und transportierte sie in Kartoffelsäcken nach Hause. Besonders beliebt waren die harzreichen und daher leicht entzündbaren Zapfen der Seidenkiefern.

Beschwerliche Selbstversorgung

Trockenäste außer Reichweite wurden mit schmiedeeisernen Haken, die an Seilen oder Stangen befestigt waren, ergriffen und dann heruntergerissen. Die von reisigdünnen Nebenästen befreiten Stecken wurden auf eine Transportlänge von etwa 1,5 Metern gekürzt, zu tischhohen Fuhren aufgeschichtet und festgebunden. Wer noch einen Backofen in Betrieb hatte, schnürte außerdem Reisigballen mit Bindfäden oder Birkenzweigen zu Anzündbündeln. Als Werkzeuge waren leichte Handbeile und kleine Bogensägen in Gebrauch. Der kilometerlange Heimweg über Stock und Stein war Knochenarbeit: vorne wurde gezogen, hinten geschoben. Schon allein deshalb ließ man Holz und Zapfen, die noch nicht vollständig durchgetrocknet waren, im Wald: sie waren schlicht zu schwer für diese mühselige Art des Transports.

Lohn der Mühe

Zu Hause wurde das Astholz auf dem Hackstock auf Ofenlänge – also auf rund 25 Zentimeter – gekürzt und auf Riegelunterlagen unter den Dachüberständen der Häuser und Scheunen in Südlage weiter getrocknet, manchmal ergänzt durch Astwerk des jährlichen Obstbaumschnitts.

Wer sich auf diese beschwerliche Weise ein paar Ster Sommerholz erarbeitet hatte, konnte getrost auf Ausgleichssport und Wochenendwandern verzichten. Für die sommerliche Erfrischung genügten ein paar Schwimmzüge im heimatlichen, kaum metertiefen Weiher. Als Dreingabe zum Brennmaterial hatte man sich noch die besten Sammelplätze für Pilze und Beeren erschlossen – und ganz nebenbei eine tiefe Bindung an die Natur gewonnen, die ein Leben lang vorhielt.

Der Autor dieses Beitrags Anfang der 1950er-Jahre im Alter von etwa 6 Jahren auf einem Wagen mit »Sommerholz«.

Heizen mit Holz heute

In den 1950er- und 1960er-Jahren wurden die meisten Wohnungen mit Einzelöfen beheizt, die mit Heizöl gespeist wurden – dem wichtigsten Energieträger des 20. Jahrhunderts. Ich kann mich noch daran erinnern, wie ich als halbwüchsiger Junge den Wohnzimmerofen unter Aufsicht von Vater oder Mutter anheizen durfte: Das hieß Heizöl in der großen Blechkanne aus dem Keller schleppen, es vorsichtig in den Ofentank einfüllen und dann einen brennenden Wachsanzünder von oben in den Brennkessel werfen. Bis heute habe ich den unangenehmen Ölgeruch in der Nase, der sich erst durch Stoßlüften mit kalter, frischer Winterluft aus den Wohnräumen vertreiben ließ. Aber ein Liter Öl kostete damals nur wenige Pfennige, und Ölheizungen waren modern – wer in den 1960er-Jahren ein Haus baute, kam daher nicht unbedingt auf den Gedanken, sich einen Holzofen anzuschaffen, es sei denn, er wohnte neben dem eigenen Wald und konnte genug Holz einbringen.

Heute steht uns eine viel breitere Auswahl an Heizmöglichkeiten zur Verfügung. Erdöl gehört – neben Gas – immer noch dazu, wobei die Brennkessel weitaus effizienter arbeiten als noch vor 30 Jahren. Daneben haben sich Solar- und Holzpelletsheizungen und Wärmepumpen etabliert, aber auch sehr wirkungsvolle zentral arbeitende Scheitholzanlagen. Diese Innovationen sind vor dem Hintergrund der Energiekrisen der letzten Jahrzehnte entstanden, aber auch durch das wachsende Bewusstsein für die Endlichkeit unserer Ressourcen. Heute ist es politischer Wille, den Verbrauch fossiler Energieträger wie Kohle und Öl zurückzufahren. Regenerative Energien aus Wind und Sonne und aus nachwachsenden Rohstoffen sollen sie schrittweise ersetzen. Holz ist ein Teil davon.

1,5 kg Holz besitzen den gleichen Heizwert wie ein Liter Heizöl.

In Vorstädten und ländlichen Wohngebieten ist es auch bei Menschen ohne Waldbesitz wieder populärer geworden, zusätzlich zur Hauptheizung einen Einzelofen mit Holzfeuerung im Wohnraum aufzustellen, sei es, um zu sparen, oder schlicht wegen der Gemütlichkeit. Wer es sich leisten konnte und über den nötigen Platz verfügte, ließ sich in den 1990er-Jahren noch einen großen Kachelofen einbauen. Damals kam ich einmal bei einer privaten Veranstaltung mit einem der Gäste ins Gespräch. Er war von Beruf Ofenbauer, und ich fragte ihn, wie oft seine Kunden diese im Hinblick auf die Wärmeabgabe etwas träge reagierenden Öfen wirklich in Betrieb nehmen würden. Seine überraschende Antwort war, dass 70 Prozent aller Öfen gar nicht benutzt, sondern als eine Art Möbelstück und mögliche Ergänzung der ohnehin vorhandenen Zentralheizung angesehen würden. Heute wurde dieser Trend vom platzsparenden Kamin- oder Schwedenofen abgelöst, durch dessen Glasscheibe man auch im zeitgemäßen Niedrigenergiehaus wie in alten Zeiten das Feuer beobachten kann.

Das »Lagerfeuer« im Wohnzimmer, sicher in einem modernen Kaminofen untergebracht, sorgt an kalten Wintertagen für anheimelnde Wärme.

Vor allem im waldreichen Süden der Bundesrepublik hat Holz als Mittel zur Wärmegewinnung in den letzten 20 Jahren wieder enorm an Beliebtheit gewonnen. 2005 wurde in Bayern und Baden-Württemberg, wo 28 Prozent der deutschen Bevölkerung leben, über die Hälfte des im Bundesgebiet bereitgestellten Scheitholzes aus dem Wald verheizt. Das entspricht pro Wohneinheit durchschnittlich drei bis sechs Ster pro Winter und damit ziemlich genau der Menge, die ich selbst mit meiner Familie während einer Heizsaison für den heimischen Kaminofen benötige.

Für die Wärmepumpen-Heizung wird ein Bodenkollektor ausgelegt. Der zusätzlich aufgestellte Kaminofen sorgt für Gemütlichkeit.

Können wir es uns erlauben, so große Mengen an Holz aus dem Wald zu holen und es zum Heizen unserer Häuser zu verwenden? Um diese Frage zu beantworten, sehen wir uns unseren heutigen Wald, seine Bewirtschaftung und Nutzung, im nächsten Kapitel etwas genauer an.

Brennholzquelle Wald

Der Wald ist die leiseste Fabrik der Welt: Aus Sonnenlicht, Wasser und Erde entsteht Holz – vielleicht der vielseitigste Rohstoff, den unsere Erde zu bieten hat. Heute wächst in unseren nachhaltig bewirtschafteten Wäldern mehr Holz nach, als entnommen wird – und das ist nur ein Aspekt von vielen, der für die Nutzung von Holz als regenerative Energiequelle spricht.

Verheizen erlaubt

Weltweit werden knapp über 50 Prozent des Rohholzaufkommens als Brennholz genutzt, mancherorts sogar bis zu 80 Prozent. Vor allem in Schwellen- und Entwicklungsländern führt dies immer noch zur großflächigen Zerstörung von Wald. Schlechte politische, gesellschaftliche und wirtschaftliche Umstände lassen, wenn überhaupt, nur zögerliche Verbesserungen zu. In einigen Gegenden ist der Wald dort in einer ähnlich bedrängten Lage wie bei uns noch vor zweihundert Jahren.

Ganz anders sieht es in unseren Breiten aus: Man kann zwar darüber diskutieren, ob das Holz aus unseren heimischen Wäldern nicht grundsätzlich zu kostbar zum Verfeuern ist, aber die Frage, ob überhaupt genug davon zur Verfügung steht, können wir getrost mit Ja beantworten. Das günstige Klima bei uns im Mitteleuropa, mit relativ ausgewogenen Bedingungen bezüglich der Temperatur und der Niederschlagsmenge, lässt den Wald gut wachsen, und Waldbesitzer und Forstverwaltungen haben in den letzten 200 Jahren konsequent daran gearbeitet, dass sich unsere Wälder erholen konnten. Von den Zeiten des Mangels und der Übernutzung sind wir mittlerweile zum Glück weit entfernt. Ganz im Gegenteil: Heute wächst in unseren Wäldern mehr Holz nach, als geerntet wird.

Wo kommt das Brennholz her?

Nach einer Erhebung von Mantau und Sörgel wurden 2006 in der BRD rund 20 Mio Festmeter (fm) Energieholzeinheiten verbraucht. 8 Prozent dieses Holzes fielen im Garten an, weitere 8 Prozent waren Altholz. Holzbriketts hatten einen Anteil von rund 3 Prozent, Pellets einen von 0,9 Prozent. Über 14 Millionen Festmeter und damit rund 70 Prozent des Brennholzes kam in Scheitform aus dem Wald.

Holzproduktion und -verbrauch

Seit den 1990er-Jahren werden alle zehn Jahre Bundeswaldinventuren durchgeführt – die letzte fand 2011/12 statt –, und die Zahlen sprechen eine klare Sprache: Allein im Freistaat Bayern hat sich der Holzvorrat trotz beständiger Nutzung zwischen 1970 und 2002 um 23 Prozent auf eine Milliarde Festmeter (fm) Holz erhöht. Pro Sekunde wächst ein Kubikmeter Holz nach. Es ist zwar schwer vorstellbar, aber der Jahresvorrat Holzpellets für ein Einfamilienhaus entsteht in geradezu unglaublichen 15 Sekunden.

Deutschland ist fast zu einem Drittel mit Wald bedeckt – rund 40 Prozent davon sind Laub- und 60 Prozent Nadelbäumen. Der gesamte Holzvorrat beträgt 3,5 Milliarden Festmeter. Pro Hektar – also auf 10 000 Quadratmetern – wachsen im Jahr durchschnittlich 11 Festmeter Holz nach, auf die Gesamtfläche bezogen sind das etwa 120 Millionen Festmeter.

Dem steht ein Einschlag von »nur« rund 70 bis 80 Millionen Festmetern gegenüber. Der Energieholzanteil ist allerdings seit dem Jahr 2005 steil angestiegen. In Deutschland werden heute tatsächlich wieder rund 50 Prozent des gewonnenen Holzes zur Wärme- und Stromgewinnung genutzt. Möglich wurde dies durch eine sorgfältige Bewirtschaftung der Wälder in unserem Land.

Grundsätze moderner Waldbewirtschaftung

Im gemäßigten Klima Mitteleuropas wächst der Wald besser und schneller als auf dem übrigen Kontinent und in vielen anderen Regionen der Erde. Das ist eine gute Ausgangslage zur Nutzung von Holz – vorausgesetzt, die Bewirtschafter, Waldbesitzer und Forstpersonal, gehen verantwortungsvoll und »nachhaltig« mit dem ihnen verantrauten Naturraum um. Der Begriff der »Nachhaltigkeit« wurde Anfang des 18. Jahrhunderts von dem sächsischen Oberbergbaumeister Hans Carl von Carlowitz (1645–1714) geprägt, der, wie viele andere, angesichts der Holznot seiner Zeit auf der Suche nach einem Gegenmittel war.

Er beschrieb schon 1713 in seinem Werk »Sylvicultura oeconomica«, wie man der Waldzerstörung entgegenwirken könnte: Es sollte nur die Menge Holz genutzt werden, die durch planmäßiges Aufforsten, also durch Säen und Pflanzen von Jungbäumen, wieder nachwachsen konnte.
In der Praxis muss man sich das folgendermaßen vorstellen: Die Bäume in einem Hektar Wald (10000 m²) legen jedes Jahr um einen mehr oder weniger breiten Jahresring zu. Das ist bei einem einzelnen Baum zwar nicht viel Holz, auf die Gesamtfläche bezogen macht das pro Jahr allerdings, abhängig von Klima, Wasser- und Nährstoffversorgung ungefähr zwischen fünf und 15 Festmetern aus. Auf diese Weise kommen die oben erwähnten 11 Festmeter pro Jahr und Hektar Waldfläche zustande. Dieser Zuwachs kann genutzt werden, indem man alle paar Jahre eine vorher errechnete Menge Holz erntet – sprich: eine entsprechende Zahl von Bäumen fällt. Bleibt man dabei im Rah-

Nach Stürmen gibt es viel Bruch. Hier fällt einiges an Brennholz an. Fällen Sie hängen gebliebene Exemplare niemals alleine! Die Stämme stehen oft unter Spannung.

men des jährlichen Zuwachses, nimmt die im Wald vorhandene Holzmenge nicht ab.

Verjüngungsmaßnahmen

Holz aus »nachhaltiger« Bewirtschaftung stammt entweder von alten, ernereifen Bäumen oder aus der Durchforstung eines jüngeren bis mittelalten Waldes, in dem die Bäume zu dicht standen. Großflächige Kahlschläge werden heute in der Regel vermieden, denn es ist wesentlich einfacher, einen bestehenden Wald zu erhalten als einen neuen anzulegen. Um kleinflächige Kahlschläge kommt man nicht immer herum, besonders bei ungünstigen Grenzverläufen im Kleinprivatwald. Dort werden dann wieder junge Bäume gepflanzt.

Viele forstliche Bewirtschafter setzen immer öfter auf »Naturverjüngung«: Das heißt, dass die Bäume selbst Samen werfen. Um ihnen gute Bedingungen zum Keimen zu schaffen, werden so viele Altbäume aus dem Bestand entnommen, dass ausreichend Licht durch das Kronendach dringen kann. Unter dem Schutz der Elternbäume, die sie vor Hitze und Frost bewahren, wachsen dann die Baumkinder heran.

Ein Baum legt unter der Rinde jedes Jahr einen weiteren Ring aus hellem Frühholz und dunklem Spätholz an.

Wenn Bäume zu dicht stehen, stagniert der Zuwachs und eine Durchforstung ist notwendig. Nachwachsende Jungbäume erhalten dann mehr Licht. Krummes Holz kann als Brennholz genutzt werden (siehe rote Pfeile).

Bei diesen filigranen, wenige Tage alten Buchenkeimlingen kann man sich kaum vorstellen, dass sich in 100 Jahren ein mächtiger Baum daraus entwickelt haben wird, der mehrere Festmeter Holz liefert.

Erst wenn die »Kleinen« größer werden, müssen auch die restlichen »Alten« nach und nach weichen. Zusätzlich zu den durch Selbstaussaat entstandenen Jungbäumen können nach der Baumernte noch nicht vorhandene Mischbaumarten gepflanzt werden, die wissenschaftlichen Erkenntnissen zufolge besser mit den im Zuge des Klimawandels erwarteten höheren Durchschnittstemperaturen zurechtkommen als beispielsweise ein reiner Fichtenbestand.

Wenn dann eines Tages der letzte große Baum gefällt wird, ist der Waldboden bereits wieder mit jungen Bäumen bestanden, die bis auf Zimmerhöhe herangewachsen sind.

Bei dieser schonenden Form der Waldbewirtschaftung liegen, anders als beim Kahlschlag, nie größere Bodenflächen bloß. Das verhindert eine Vergrasung des Waldbodens, die wiederum die natürliche Verjüngung behindern würde.

Naturverjüngung von Fichte und Buche im Schatten der alten Bäume.

Der Niederwald als Biomasselieferant

Eine der ersten gezielten forstwirtschaftlichen Nutzungen war der sogenannte Niederwald. Die Methode ist über 1000 Jahre alt und wurde in einigen Gegenden Deutschlands bis ins 19. Jahrhundert hinein praktiziert. Sobald die Menschen früher eine neue Siedlung errichteten, wurden die Bäume in der Umgebung »auf den Stock gesetzt« – das heißt, sie wurden am Fuß abgehackt oder abgesägt. Dann wartete man, bis die Baumstöcke wieder ausschlugen, also neue Triebe ansetzten. Nach etwa 20 bis 30 Jahren war ein neuer, nur einige Meter hoher Stangenwald herangewachsen, den man auf der ganzen Fläche abnutzte. Das Holz – die Stämmchen waren nicht viel dicker als zehn bis 15 Zentimeter – wurde dringend benötigt, vor allem als Brennholz, aber auch für die Herstellung einfacher Werkzeuge und Gerätschaften.

Geeignete Baum- und Gehölzarten für diese einfache Wirtschaftsfom sind Haselnuss, Hainbuche, Pappel oder Erle, da sie problemlos und schnell neue Triebe bilden. Die Niederwaldbewirtschaftung hatte zur Folge, dass sich das Waldbild um die Siedlungen herum veränderte: Die Niederwald-Arten konnten sich schnell ausbreiten, während in dieser Hinsicht trägere Arten wie die Buche ins Hintertreffen gerieten. So verschwanden die alten, großen Bäume. Nach der Abnutzung des Niederwaldes versuchte man auf der kahlen Fläche einige Jahre lang Landwirtschaft zu betreiben, bis der nachwachsende Wald dies wieder verhinderte.

Im Grunde werden moderne Kurzumtriebsplantagen (KUP), die oft mit ausschlagfreudigen, schnell wachsenden Pappelarten bestockt sind, ganz ähnlich bewirtschaftet – wenn auch die Ernte mechanisiert ist. Heute werden auf diese Weise Hackschnitzel gewonnen.

So ähnlich kann man sich einen Niederwald im Mittelalter kurz vor seiner nächsten Nutzung vorstellen.

Die Holzernte

Die Holzernte selbst ist heute sehr professionell organisiert. Die Bäume werden entweder manuell mit der Motorsäge oder mit Vollerntemaschinen, den Harvestern, geerntet. Über in bestimmten Abständen angelegten Rückegassen wird das gewonnene Rundholz mit einer weiteren Maschine, dem Rückezug, aus dem Waldbestand heraustransportiert und bis zur Abholung durch den Holz-Lkw an der Forststraße gelagert. Dabei achtet man darauf, Nachwuchs nicht zu beschädigen.

Das bei Hiebsmaßnahmen, also durch Fällen, gewonnene Holz wird je nach seiner Qualität unterschiedlich genutzt: Die wertvolleren Sortimente aus geradschäftigen und gesunden Stämmen werden in erster Linie zu Bau- und Möbelholz. Es bleibt jedoch immer ein Rest sägeuntaugliches Holz aus astigen Wipfeln, angemorschten Erdstammstücken oder schlicht zu krummen Stämmen. Diese können entweder als sogenanntes »Industrieholz« genutzt werden: Gehäckselt oder zerspant entstehen daraus dann beispielsweise Span- oder OSB-Platten. Aus Buchenindustrieholz wird unter anderem Viskose für die Bekleidungsindustrie hergestellt. Ein Hemd oder ein Kleid aus Buchenholz – ist das nicht eine faszinierende Vorstellung?

Die andere Nutzungsschiene ist die »thermische Verwertung«, wie die Brennholznutzung fachsprachlich genannt wird: Die Stücke werden zu Scheitholz oder zu Hackschnitzeln für große Heizanlagen verarbeitet.

Der Rückewagen legt das Holz am Forstweg für den Abtransport per Lkw ab. Links liegen Industrie- bzw. Brennholz, rechts die besseren Sortimente für die Sägewerke.

Übertreiben sollte man es aber mit der Verwertung nicht: Äste und Zweige enthalten wegen ihrer hohen Rindenanteile besonders viel Nährstoffe, die der Waldboden dringend benötigt. Daher sollte schwächeres Astmaterial im Wald verbleiben, um an Ort und Stelle zu verrotten.

Ökologie und Ökonomie

Wer seinen Wald einerseits ökonomisch, aber auch so schonend wie möglich sinnvoll bewirtschaften will, wird immer folgende Grundsätze moderner Forstwirtschaft beachten:

- Pflegen bzw. »durchforsten« Sie jüngere Bestände fachgerecht, damit später möglichst viele wertvolle Bäume vorhanden sind.
- Ernten Sie im Sinne einer nachhaltigen Bewirtschaftung in einem reifen Bestand jeweils nur so viel, wie von selbst wieder nachwächst oder gepflanzt werden kann.
- Pflanzen Sie sogenannte klimatolerante Mischbaumarten, um Ihren Waldbestand auch im Hinblick auf den Klimawandel zu sichern.
- Verkaufen Sie so viel gesundes, gerades Holz wie möglich in Stammform. Lediglich die qualitätiv schlechteren Reste sollten als Industrieholz oder Brennholz genutzt werden.
- Belassen Sie so viel nährstoffreiche Äste und Rindenanteile wie möglich im Wald, um die Bodenqualität zu erhalten.
- Ein sinnvolles Rückegassensystem für die Befahrung mit Schlepper oder Rückewagen vermindert die schädliche Bodenverdichtung.

Hier hat die Kernfäule einen Fichtenstamm ausgehöhlt, Splintholz und Astgerippe blieben übrig. Verwendung nur noch als Industrie- oder Brennholz.

Der Stamm wäre zu schade für den Ofen. Daraus lassen sich schöne, gerade Bretter herstellen.

Aus krummen und angefaulten Stämmen wird Industrie- oder Brennholz.

Ein umweltfreundlicher Brennstoff

Wer sein Brennholz aus einem professionell und nachhaltig arbeitenden Betrieb in der Region bezieht und maßvoll damit umgeht, leistet nicht nur einen Beitrag zur pfleglichen Waldbewirtschaftung, sondern kann auch im Hinblick auf die Ökobilanz unbesorgt sein: Erstens handelt es sich um eine regenerative Energiequelle. Dann wurden bei der Gewinnung von Holz von der Fällung bis zur Waldstraße nur vier Prozent der Energiemenge aufgewandt, die der Baum beim Wachsen gespeichert hat. Ökologisch gesehen besonders günstig wirken sich die kurzen Wege bei der regionalen Gewinnung aus. Das ist bei Öl- und Gasfeuerung in diesem Ausmaß gar nicht möglich: Hier finden im Schnitt nur 20 Prozent der Wertschöpfung in der näheren Region statt. Bei der Nutzung von Holzenergie liegt die regionale Wertschöpfung bei über 60 Prozent.

Gute CO_2-Bilanz

Auch die Auswirkungen der Verbrennung selbst auf die Umwelt sind beim Holz überschaubar. Zwar wird auch bei der Holzverbrennung das Treibhausgas Kohlendioxid (CO_2) freigesetzt. Allerdings verbrennt Holz sozusagen CO_2-neutral. Damit ist gemeint, dass der Baum während seines Wachstums CO_2 aus der Luft entzieht und als Kohlenstoff bindet.

Das meiste Brennholz stammt aus der Region und hat einen kurzen Weg zum Verbraucher.

Bei der Verbrennung wird der eingelagerte Kohlenstoff wieder als CO_2 in die Atmosphäre abgegeben. Er kann dann erneut in heranwachsenden Bäumen oder anderer Biomasse gespeichert werden. Dieser Kreislauf, der innerhalb weniger Jahrzehnte abläuft, ist ökologisch erheblich günstiger zu beurteilen als die Freisetzung von CO_2 aus der Verbrennung von fossilen Brennstoffen wie Kohle und Öl, das schon vor Jahrmillionen unter der Erdoberfläche eingelagert wurde und heute unsere Erdatmosphäre zusätzlich belastet.

Was die CO_2-Bilanz angeht, leistet Holz aus fachgerecht bewirtschafteten Wäldern der Region daher einen sinnvollen Beitrag zum häuslichen Energiemix. Zur ausschließlichen Wärmeversorgung von Millionen von Menschen ist es hingegen sicher nicht geeignet – das würde auch die Wuchsleistung unseres heimischen Waldes überfordern. Ganz abgesehen davon wäre Holz ein viel zu wertvoller Werkstoff, um vorwiegend verbrannt zu werden. Möglicherweise ist dies irgendwann überhaupt nicht mehr der Fall, wenn sich zukünftig andere Wege der Wärmegewinnung im häuslichen Bereich entwickeln und Holz als Rohstoff noch vielseitiger verwendet werden kann. Aber noch ist es nicht so weit – glücklicherweise, möchte ich fast sagen. Ich persönlich würde meinen häuslichen Kaminofen schon sehr vermissen.

Aber damit Holz seine ökologischen und wirtschaftlichen Vorzüge voll ausspielen kann und auch die Freude am Umgang mit Brennholz nicht zu kurz kommt, gilt es, von der Beschaffung bis zur Verbrennung einige Dinge zu beachten, von denen in den folgenden Kapiteln die Rede sein wird. Den Einstieg in die Praxis bildet eine Übersicht über die wichtigsten Brennholz-Baumarten.

Waldbesitzer bei einem Pflanzkurs der Bayerischen Forstverwaltung. Man achtet verstärkt auf Nachhaltigkeit.

Brennholzbäume

In unseren Wäldern wachsen verschiedenste heimische Baumarten. Dazu kommen auch exotischere Exemplare in Park- und Gartenanlagen. Sie alle können sicher irgendwie zu Brennholz verarbeitet werden. Die einen eignen sich besser, die anderen schlechter. Spätestens im Ofen zeigt sich ihre Heizqualität. Aber nur die häufigsten Arten spielen auf dem Brennholzmarkt eine wirkliche Rolle. Deswegen an dieser Stelle ein paar kurze Worte zu den wichtigsten Hölzern.

Eiche

Diese Baumart ist das sprichwörtliche Sinnbild für Kraft und Stärke, schon bei den alten Germanen galten bestimmte Exemplare als heilig. In ihrem Schatten wurde gefeiert und Gericht gehalten. Dem germanischen Gott Donar war eine Eiche geweiht.

In ganz Europa findet man diverse Eichenarten, aber in Deutschland sind vor allem die Stiel- und die Traubeneiche heimisch. Nur wer genau hinsieht, kann sie an relativ unscheinbaren Merkmalen unterscheiden.

Das Holz der Eiche gilt als besonders widerstandsfähig und die Verwendung war schon immer vielfältig. Ein interessantes geschichtliches Detail in diesem Zusammenhang: Gegen Ende des 17. Jahrhunderts benötigten, neben anderen Staaten, die damaligen Seemächte Frankreich und England eine riesige Anzahl von Eichenholz für ihre Kriegsschiffe, da bestimmte Bauteile absolut passend gewachsen sein mussten. Der größere Anteil des »schlechten« Restes wurde sicher als Brennholz und für andere Zwecke verbraucht. Wussten Sie, dass damals vom »Sonnenkönig« Ludwig XIV. gezielt Eichenwälder angelegt wurden, damit man auch in 200 Jahren noch Holz für Schiffe haben würde? Sehr vorausschauend und »nachhaltig« gedacht, allerdings waren die Schiffe im ausgehenden 19. Jahrhundert bereits aus Stahl. Heute werden aus dem Holz dieser Eichen unter anderem Weinfässer hergestellt. Eine weitaus friedlichere Verwendung, wie ich finde. Brennholz fällt nebenbei trotzdem noch mit an.

Eichenholz ist schwer und hat, bei gleichem Volumen, einen ähnlich hohen Heizwert wie die Buche, allerdings färbt der hohe Anteil an Gerbsäuren die Flammen blau. Deshalb brennt das Holz in Kaminöfen mit Glasscheibe nicht so richtig attraktiv, es ist eher für geschlossene Feuerstätten geeignet.

Achtung Gerbsäure!

Öfen mit einer Bewandung aus Schamott sollte man grundsätzlich nur moderat mit Eiche befeuern. Die Gerbsäure lässt diese Verkleidung mit der Zeit bröselig werden. Auch der Kamin könnte mit der Zeit in Mitleidenschaft gezogen werden. Wer Eiche als Brennholz bekommen kann, sollte es nehmen, aber beim Verbrennen möglichst mit anderen Holzarten mischen. Fragen Sie dazu auch Ihren Kaminkehrer.

Rotbuche (Buche)

Die Buche konzentriert sich in ihrer Verbreitung auf die Mitte Europas, und tatsächlich kommen gerade in Deutschland ausgedehntere und fast reine Buchenwälder vor, die bei dem (bis jetzt!) vorherrschenden kühl-feuchten Klima und auf den nicht zu nährstoffarmen Böden recht gut gedeihen.

Frisch geschnittene Eiche erkennt man am dunklen Splintholz und hellen Kern.

Frisch geschlagenes und hydraulisch gespaltenes Buchenbrennholz, das auf die Weiterverarbeitung wartet.

Für Feinschmecker

Buchenholz wird häufig zu Grillkohle verarbeitet. Aufgrund der starken Glutbildung eignet sich Buchenholz wunderbar zum Grillen (siehe Seite 149), auch zum Räuchern wird es gerne eingesetzt. Buchengeräuchertes Fleisch und andere Lebensmittel schmecken wunderbar aromatisch.

Die Buche wird auch »Mutter des Waldes« genannt, denn hat sie sich gegenüber anderen Baumarten einmal durchgesetzt, behält sie lange Zeit das Zepter in der Hand und lässt in ihrem Schatten gerade noch ihre eigenen Nachkommen überleben. So entsteht eine Art natürliche Monokultur. Aber auch die jungen Buchenschösslinge müssen geduldig darauf warten, bis der über ihnen »wachende« Elternbaum entweder gefällt wird oder von Altersschwäche zermürbt von selbst zusammenstürzt und so der nächsten Generation Platz macht. Erst dann bekommen die Jungbäume genügend Licht und können ihrerseits zügig in die Höhe wachsen.

Buchenwald auf der Fränkischen Alb. Schöne Bäume, das krumme Brennholz sitzt vor allem in den Kronen.

Bei uns ist die Buche mit 15 % Anteil an der Gesamtfläche der häufigste Laubbaum. Ihre gleichmäßige Holzstruktur macht sie zu einem beliebten Nutzbaum mit einer vielseitigen Verwendung, von Möbeln über Fußböden und Bahnschwellen bis hin zur modernen Textilfaser.

Das Holz der Buche ist hart, aber wenn sie abstirbt, verrottet das Holz im Wald sehr schnell. Das müssen wir auch bei der Brennholzgewinnung beachten. Buchenholz sollte zügig gespalten und zum Trocknen aufgestapelt werden, sonst beginnt der Zersetzungsprozess früh.

Korrekt getrocknet, ist Buche eines der besten Brennhölzer. Es besitzt einen hohen Brenn- und Heizwert, brennt langsam und ruhig ab und hält lange Glut. Als Brennholz ist es sehr begehrt. Achtung! Bei umfangreicherer Holzeinlage kann es zu starker Hitzeentwicklung kommen. Das tut nicht allen Öfen gut. Unbedingt die Betriebsanleitung beachten. Ansonsten: Falls Sie irgendwo Buchenholz bekommen können, unbedingt zugreifen!

Hainbuche

Die Hainbuche ist nicht mit der Buche zu verwechseln. Der auch Hagebuche oder Dornbaum genannte mittelgroße Baum gehört eigentlich zu den Birkengewächsen. Mit der Rotbuche teilt er nur die Ordnung der »Buchenartigen«. Aber das sind botanische Details, die für die Eigenschaft als Brennholz keine besondere Wertigkeit besitzen. Die Hainbuche kommt gerne in Eichenmischwäldern vor, wächst aber auch auf freien Flächen und bildet dort kleine Wäldchen, »Haine«. Wo also viel Eichenbrennholz zur Verfügung steht, mischt sich meistens auch etwas Hainbuche darunter. Man kennt sie auch als besonders widerstandsfähige und ausschlagfähige Gartenhecke. Hainbuche ist schwer und hat einen sehr hohen Brennwert, ähnlich wie Buche oder Eiche. Das zähe Holz ist allerdings nicht ganz einfach zu sägen und zu spalten. In der Regel ist die Hainbuche keine Brennholzmassenware, aber wenn Sie sie bekommen können, greifen Sie zu.

Hainbuchen erkennt man gut an der unregelmäßigen, »spannrückigen« Stammform.

Birke

Die Birke ist eine schnell wachsende Pionierbaumart, die ausgehend von einigen Samenbäumen Kahlflächen rasch wieder besiedelt. Für ihr schnelles Wachstum benötigt sie viel Licht, Kälte verträgt sie aber gut. Sie kommt bis weit in den Norden vor. Vor allem in Skandinavien ist sie wegen ihrer Häufigkeit sehr beliebt. Sie zeichnet sich aber nicht allein als besonders schnell nachwachsendes Brennholz aus, sie besitzt zudem sehr gute Brenneigenschaften. Das Holz brennt sogar noch, wenn es ein wenig feucht ist, wenn auch nicht optimal.

Vor allem die Rinde ist voller ätherischer Öle und wurde schon von den Trappern als Feueranzünder (siehe auch Seite 134) verwendet. Das Holz der Birke möglichst im frischen Zustand spalten und dann trocknen. Es brennt mittelschnell, aber sehr ruhig und schön ab. Wegen der weißen Rinde ist es als ästhetisches Kaminholz beliebt. Eines der besten Brennhölzer. Klare Kaufempfehlung!

Attraktiver Brennholzstapel auf der Blumenwiese hinter dem Haus. Die frischen Rundlinge sollten bald gespalten werden.

Esche

In der nordischen Sagenwelt galt die Esche als »Weltenbaum« oder »Baum des Lebens», allerdings erfreut sie sich seit geraumer Zeit selbst nicht mehr bester Gesundheit. Der vor allem auf feuchteren Böden unter normalen Umständen zügig wachsende Laubbaum leidet seit rund zwei Jahrzehnten unter einem Pilz, der aus dem Baltikum eingeschleppt wurde und das sogenannte Eschentriebsterben verursacht. Aus diesem Grund kann es durchaus sein, dass in Waldregionen mit von Natur aus höheren Eschenanteilen – dazu gehören u.a. ausgedehnte Auwälder an größeren Flüssen –, diese Baumart nun schadensbedingt öfter im Brennholz landet, als es früher der Fall war. Eschenholz gehört neben Buche und Eiche zu den wichtigsten Nutzhölzern. Das zähe und feste Holz wird auch häufig zu Stielen für Werkzeuge wie Hämmer und Äxte verarbeitet. Es kann also durchaus sein, dass der Stiel Ihrer Axt aus Esche ist. Eschen liefern auch ein gutes, hartes, aber trotzdem relativ einfach zu spaltendes Holz, das im trockenen Zustand recht sauber und gleichmäßig verbrennt. Viele setzen es, was die Qualität betrifft, mit Buche oder Eiche gleich. Wenn es im Angebot ist, sollte man zugreifen.

Fichte

Eigentlich ist die Fichte ein Nadelbaum der kühleren Zonen, also des Nordens oder der Berghöhen. Aber die Fichte wurde in den letzten beiden Jahrhunderten vom Menschen fast überall angebaut, wo es irgendwie ging. Sie gilt allgemein ein bisschen als der Tausendsassa unter den nutzbaren Bäumen, weil sie schnell an Volumen gewinnt, auch auf im Winter frostigen und im Sommer sonnenüberfluteten Freiflächen anwächst und ihr Holz leicht zu bearbeiten und vielseitig verwendbar ist. Gesunde Massenware erzielt vergleichbar gute Preise, aber auf manchen Böden wird die Fichte von den Wurzeln her von Rotfäulepilzen befallen, die sich gerne im Stamminneren nach oben fressen. Der Fichten-

Sauber und exakt gestapeltes und abgedecktes Eschenholz.

anteil beträgt in deutschen Wäldern immerhin 25 %. Allerdings ist sie besonders anfällig für Sturmwurf oder Schneebruch, und in Zeiten des Klimawandels setzen ihr wärmeliebende Schädlinge, wie diverse Borkenkäfer, mit steigender Tendenz zu.

Fichtenholz ist aufgrund der hohen Verfügbarkeit auch ein beliebtes »weiches« Brennholz. Das Holz entflammt wegen seiner relativ weiten Zellstruktur und der enthaltenen Harze relativ schnell, brennt aber auch ziemlich schnell ab. Von jedem Stamm, der zu Brettern gesägt wird, bleibt noch einiges an astigem Kronenmaterial übrig, das dann oft in den Ofen wandert. Früher konnte man ohnehin nicht darauf verzichten, aber traditionsbewusste »Brennholzmacher« hacken auch heute noch vor allem die Äste und Zweige von gefällten Bäumen penibel zu Anfeuerholz klein.

Die größeren Scheite eignen sich beispielsweise für wärmespeichernde Öfen, z. B. Kachelöfen. Dort soll ein von Anfang an intensiv brennendes Feuer reichlich Hitze in die Ofenwände transportieren, die diese gesammelte Wärme dann langsam über längere Zeit wieder in den Raum abgeben. Für kleinere Feuerstätten, wie etwa Kaminöfen oder Heizkamine, die in kürzeren Zeitabständen regelmäßig beschickt werden müssen, ist die Fichte, wie die meisten Nadelbäume, wegen des schnellen Abbrandes nicht die erste Wahl.

Klein gehackt wurden und werden die Fichtenäste traditionell mit der sogenannten Reishacke (Reis = Zweig, dünner Ast)

Unter der zentnerschweren Schneelast knicken manche Fichten wie Streichhölzer. Dann gibt es reichlich Brennholz.

Rund 30 cm hohe Jungkiefern auf einer Windwurffläche. Der Samen von Altkiefern keimt besonders gerne auf blanken Kahlflächen ohne Bodenbewuchs und konkurrierende Begleitvegetation.

Waldkiefer

Dieser wegen seiner rauen Rinde und markanten Krone etwas rustikal aussehende Nadelbaum wird auch regional Föhre oder Forche genannt und ist in ganz Europa recht weitverbreitet. Es gibt sogar ein isoliertes Vorkommen in Schottland. In Deutschland ist die Waldkiefer die zweithäufigste Baumart nach der Fichte. Sie kommt in tiefen Lagen und hoch in den Bergen vor. Ihre geflügelten Samen werden durch den Wind weit vertragen und keimen am liebsten auf blankem Mineralboden ohne Bewuchs. Die Kiefer zählt deswegen zu den Pionierbaumarten. Sie trägt dadurch, wo man sie lässt, stark zur Verbreitung des Waldes bei. Da sie aber viel Licht benötigt, hat sie auf nährstoffreicheren Böden in der Mischung mit Fichten und Buchen das Nachsehen. Irgendwann wird sie von der listig neben ihr hochwachsenden Buche eingeholt und überflügelt. Auf kargen Sandböden, wie man sie beispielsweise im Bundesland Brandenburg findet, muss die bescheidene Kiefer diese nährstoffhungrige Konkurrenz nicht fürchten und konnte sich stärker ausbreiten. Dort nimmt sie fast 70 % der Waldfläche ein. Während sommerlicher Trockenperioden brechen dort immer wieder Waldbrände aus.

Gepolterte Kiefern warten an einem sandigen Forstweg in Brandenburg auf den Holz-Lkw.

Das Holz der Waldkiefer ist, ähnlich wie das der Fichte, vielseitig verwendbar. Was den Heizwert betrifft, liegt es, wenn man vom gleichen Volumen ausgeht, sogar über der Fichte. Es ist schwerer, noch harzreicher und bildet gerne Kienholz (s. Seite 135). Aus diesem Grund ist sie sehr gut geeignet als Anfeuerholz und, wie auch die Fichte, ein sehr intensiv brennendes Holz für die Befeuerung von Zentralheizungen und geschlossenen Ofensystemen. Beide Holzarten neigen wie fast alle Nadelhölzer zu Funkenflug, feuertechnisch sind sie deswegen nicht für offene Kamine erlaubt.

Pappel und Weide

Diese Pionierbaumarten wachsen wie die Birke gerne an Waldrändern oder auf ehemaligen Kahlflächen, wo sie sich wegen der für sie optimalen Lichtverhältnisse selbst angesamt haben. Im Gegensatz zur Birke besitzen sie allerdings keine bemerkenswerte Heizkraft. Ich habe Pappeln und Weiden, weil gerade verfügbar, einige Male zu Brennholz verarbeitet, war aber von ihrer Leistung im Ofen nie besonders beeindruckt. Für die nicht zu kalte Übergangszeit im Frühjahr oder Herbst sind die Hölzer aber einigermaßen verwendbar. Mein Rat lautet: Machen Sie einen Versuch, aber geben Sie nicht viel Geld dafür aus!

Flexibel bleiben

Die vorliegenden Einschätzungen und Empfehlungen beruhen größtenteils auf eigenen Erfahrungen und jenen von anderen Ofenbesitzern. Die umfangreichere Verfügbarkeit von bestimmten Hölzern hängt auch von den vorherrschenden Hauptbaumarten in den Wäldern einer jeweiligen Region ab. Sobald eine bestimmte Holzart nicht oder nur schwer erhältlich ist, bleibt einem ja gar nichts anderes übrig, als eine andere zu verwenden.

Schnell wachsende Zitterpappeln unterdrücken hier schwächere Nadelbäume.

Brennholz oder Lebensraum?

Abgestorbene Bäume fallen im Wald durch kahle Äste, herabfallende Rinde schnell ins Auge.

Wer genau hinsieht, der wird möglicherweise sogar offene Astlöcher oder runde Löcher im Stamm in unterschiedlichen Größen entdecken. Das kommt bereits bei noch vitalen, grünen Bäumen vor. Für den Waldbesitzer, der möglichst wertvolles Holz erzeugen will, ist beides auf den ersten Blick eher ungünstig. Der eine Baum ist tot, der andere lebt zwar noch, ist möglicherweise aber teilweise hohl und für schöne Bretter oder Balken auch nicht mehr zu gebrauchen. Zu Brennholz könnte man ihn aber verarbeiten, bevor das Holz noch total verrottet. Man sollte es nicht tun! Das Innere dieser Bäume ist bewohnt und sie stehen strenggenommen sogar unter Naturschutz. In diesem Sinn sind sie oft umso wertvoller, je schlechter ihr Zustand ist und manche Bundesländer unterstützen den Erhalt solcher Biotopbäume mit staatlichen Fördergeldern. Gerade schon abgestorbene, von Stammfäule betroffene Bäume bilden mit der Zeit immer mehr weiche Stellen im Holz. Letztlich entstehen daraus Hohlräume. Sie beherbergen eine Vielzahl von Tieren und auch Pflanzen. Hier verrichten Pilze, wie etwa der Zunder- und Rotwandige Baumschwamm oder die Schmetterlingstramete ihr Zersetzungswerk im Holz. Die Schlupflöcher im Stamm stammen von diversen hier nistenden Spechtarten. Wussten Sie, dass es in Deutschland neun verschiedene Arten gibt? Darunter der sehr seltene Weißrückenspecht und der Wendehals. Sie alle fressen Unmengen waldschädlicher Insekten und sind somit für das Ökosystem Wald extrem nützlich.

Irgendwann ziehen sie aus, aber Hohltaube oder Waldkauz kommen als Nachmieter. In den starken Kronen von großen alten oder abgestorbenen Bäumen nisten gerne die größeren Vögel wie der Schwarzstorch, Rotmilan, Wespenbussard oder Kolkrabe. Sie alle bauen stabile, aufwendige Horste, die sie über Jahre benutzen, solange der Baum stabil genug ist. Irgendwann beginnt sich die Rinde am Stamm abzulösen und unterstreicht das Bild des allgemeinen Verfalls, mit dem auch die Verwendungstauglichkeit als Brennholz immer weiter abnimmt. Cellulose und Lignin bauen sich mehr und mehr ab. Solche Bäume könnten schon beim Versuch der Fällung unkontrollierbar auseinanderbrechen. Eine sehr gefährliche Angelegenheit für denjenigen, der hier unbedingt die Säge ansetzen will.

Aber so paradox es klingt, das tote Holz ist Geburtsstätte von immer wieder neuem Leben. Die ökologische Vielfalt wächst ständig. Einige Fledermausarten, allen voran die Mopsfledermaus, rutschen gerne unter die halb abstehenden Rindenstücke und nützen sie in den Sommermonaten als Tagversteck. Irgendwann ist auch der letzte Ansatz der Brennholztauglichkeit überschritten. Stürzt der Baum, von Pilzen zernagt, endlich um, geht es erst so richtig los, und zwar bei den Kleinstlebewesen: Dort leben unzählige Kerbtiere, Spinnen, Milben oder Käfer. Aus dem verrottenden Holz entsteht weicher, Feuchtigkeit speichernder Mulm. Ist der liegende Stamm dick genug, bietet er ein ideales Umfeld für Amphibien. Der seltene Feuersalamander stellt den hier lebenden Schnecken nach und der Kammmolch findet ein ideales Quartier zum Überwintern. An liegendem Totholz leben in Mitteleuropa bis über 1300 Käfer- und ca. 1500 Pilzarten. Irgendwann hat sich das Holz dann ganz zersetzt, die Überreste gehen sozusagen als Kompost in den Humus des Waldbodens zurück. Der Kreislauf schließt sich.

Lassen wir die hier beschriebenen Bäume, ob noch lebend oder bereits abgestorben, stehen und in Ruhe ihren Weg gehen. Sie sind im Wald weitaus wertvoller und nützlicher als im Ofen.

Das Holz toter Bäume leistet im Wald weit wertvollere Dienste als im Ofen.

Beschaffung heute

Es gibt verschiedene Wege, um an Brennholz zu kommen: Sie können es kaufen oder als Selbstwerber aus dem – eigenen oder fremden – Wald holen. In diesem Kapitel erfahren Sie allerlei Wissenswertes über die gängigen Maße und Methoden zur Mengenschätzung, das Vorgehen bei der Holzernte, die nötigen Werkzeuge und Vorsichtsmaßnahmen.

Brennholz kaufen

Nicht jeder Ofenbesitzer kann und will sein Brennholz selbst aus dem Wald holen. Die Mehrzahl bezieht es von einem professionellen Händler, Forstbetrieb oder Waldbesitzer. Als Kunde sollten Ihnen die gängigen Verkaufssortimente und Maßeinheiten geläufig sein – schließlich wollen Sie ja nicht die Katze im Sack kaufen.

Maße und Verkaufssortimente

Wenn Sie im Supermarkt einen Liter Milch kaufen, können Sie davon ausgehen, dass die Inhaltsmenge korrekt auf der Verpackung, egal ob Flasche oder Tetrapack, angegeben ist. Bei Brennholz, vor allem wenn es sich um Naturholz aus dem Wald handelt, ist das nicht so eindeutig lösbar. Denn je nach Baumart, Form, Stärke, Länge und Qualität fällt Holz ganz unterschiedlich aus, zum Beispiel mehr oder weniger krumm oder astig. Bei einem derart inhomogenen Rohstoff sind exakte Mengenangaben gar nicht so einfach.

Festmeter (fm)

Ein Würfel aus massivem Holz mit einem Meter Kantenlänge hätte genau ein Volumen von einem Kubikmeter (m^3) bzw. einem Festmeter (fm). In dieser Maßeinheit wird Holz in der Regel für die Sägeindustrie gehandelt. Aber nun wächst das Naturprodukt Holz ja nicht in Würfelform, sondern in unterschiedlich langen runden Baumstämmen. Dabei lässt sich das Volumen von stärkeren Baumstämme noch ziemlich genau berechnen (siehe »Der Kirwabaum«, Seite 56). Für Brennholz, also eine größere Menge dünnerer, schwächerer Hölzer, ist der Festmeter zur Maßangabe hingegen nicht geeignet – es sei denn, Sie wollten jedes Stück einzeln vermessen und berechnen.

Raummeter (rm)

Trotzdem wird Brennholz in den allermeisten Fällen ebenfalls nach Volumen verkauft, und zwar nach Raummetern (rm). Die auf dem Brennholzsektor sehr gebräuchliche Maßangabe ist in Süddeutschland auch als »Ster« bekannt. Dieser Begriff hat altgriechische Wurzeln und bedeutet so viel wie »hart« oder »starr«. Er beschreibt ursprünglich einen Raummeter von aufgestapelten, 1 Meter langen, gespaltenen Holzscheiten. Landläufig wird der Ausdruck aber auch gerne für gestapelte kürzere Längen, z. B. 50 oder 33 Zentimeter lange Scheite,

Auf diesem Lkw fahren rund 30 fm Stammholz zum Sägewerk. Vielleicht wird damit ein Holzhaus oder ein Dachstuhl gebaut.

verwendet. Immer handelt es sich allerdings nicht um die reine Holzmasse, sondern es ist ein Teil Luft eingerechnet. Das ist eine praktische Angelegenheit und funktioniert folgendermaßen: Stapelt man Holzscheite oder -riegel zu einem Holzwürfel mit je einem Meter langen Kanten auf, hat dieser inklusive der dazwischen liegenden Lufträume immer ein Volumen von genau einem Raummeter. Zieht man den Luftinhalt ab, erhält man in ausreichender Genauigkeit das reine Holzvolumen in Festmetern (siehe auch Seite 154).

Die tatsächliche Holzmasse ist von Schichtung und Form des Holzes abhängig, also davon, ob es rund oder gespalten, kurz oder lang ist. 1 Meter lange, gerade Fichtenrundlinge ergeben beispielsweise bei gleicher Stapelart etwas mehr Masse als krumm gewachsene Buchenrundlinge, die für mehr luftgefüllte Zwischenräume sorgen. Der Preis für Holz, das vom Stapel weg gehandelt wird, bezieht sich aber immer auf das jeweilige Volumenmaß. Eine Übersicht zu den verschiedenen Maßen und ihrem Verhältnis zueinander finden Sie in der Umrechnungstabelle der auf Seite 52, die wir bei den folgenden Ausführungen als Grundlage annehmen. Es gibt aber auch Umrechnungen mit etwas davon abweichenden Werten.

Säcke mit jeweils einem Schüttraummeter Inhalt sind im Auslieferungslager auf Paletten gestapelt. Selbstabholer sind willkommen.

Schüttraummeter (srm)

Klein geschnittenes, »ofenfertiges« Holz wird häufig in Schüttraummetern (srm) gehandelt. Damit ist das Raumvolumen von lose geschütteten Holzstücken gemeint. Maß genommen wird in genormten Gitterboxen. Dabei ist interessant zu wissen, dass Nadelholz leichter und rauer ist als das schwere und glattere Laubholz. Weil Fichte oder Kiefer weniger bündig zusammenrutscht als Buche oder Eiche, steckt in einem Schüttraummeter mit 33 Zentimeter langen Fichtenscheiten etwas weniger reine Holzmasse, nämlich 0,40 Festmeter, als im gleichen Volumen mit Buchenscheiten – hier sind im Schnitt 0,42 Festmeter enthalten.

Weniger kostet mehr

Heute ist auch in Baumärkten und an einigen Tankstellen Brennholz erhältlich. Meist wird es in kleineren Netzplastiksäcken abgepackt angeboten, damit man es bequem nach Hause tragen kann. Die Mengenangabe erfolgt wegen des geringen Umfangs oft in Kubikdezimetern (dm^3). Richtiger wäre »Raumdezimeter« (rdm), da ja auch in diesem Fall wie beim Raummeter ein gewisser Luftanteil enthalten ist. Die handlichen Säckchen sind eine praktische Sache, wenn man zwischendurch schnell ein paar Scheite Holz braucht, zum Beispiel als Gelegenheits-Holzofenbetreiber im städtischen Umfeld. Allerdings kosten diese Kleinstmengen wesentlich mehr – auf einen Schüttraummeter

Im Säge-Spalt-Automat werden 3 Meter lange Stammstücke verschiedener Baumarten aus der Region zu ofenlangen Rundlingen gekürzt.

Die Rundlinge werden mit der Stirnfläche gegen ein Sternmesser gedrückt und in je sechs Scheite gespalten. Das geht blitzschnell.

Über ein Förderband wandern die Scheite zur Sammelstelle. Der Sägespalter ist mit einer Entstaubungsanlage ausgestattet.

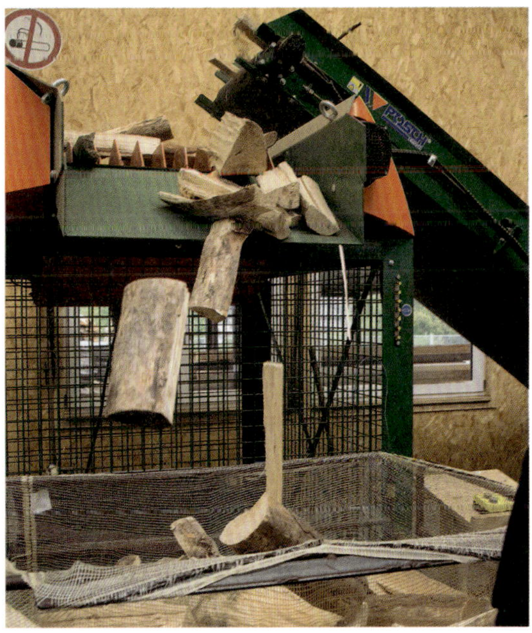

In einer entsprechend bemessenen Box wird ein Schüttraummeter Scheitholz in einen Sack abgefüllt, das nach dem Trocknen in den Verkauf geht.

Anschürholz wird häufig in Netzsäcken angeboten, ebenso normales Scheitholz in Kleinstmengen (li.).

hochgerechnet, zahlt man schnell den doppelten Preis. Und je kleiner das Gebinde, desto teurer wird das Produkt im Verhältnis; schließlich verursachen Abfüllung und Handhabung mehr Aufwand. Insofern lohnt es sich, zu Hause einen kleinen Lagerplatz freizuräumen und für weniger Geld eine größere Menge Brennholz im professionellen Handel oder bei einem Forstbetrieb zu erstehen.

Grundsätzlich ist in Großstadtnähe von höheren Preisen auszugehen als auf dem flachen Land. Besonders günstige Angebote von Privatleuten über Zeitungsinserate sollte man vor dem Kauf vor Ort prüfen. Es kommt durchaus vor, dass jemand auf diesem Weg schlechtes, angefaultes Abfallholz loswerden will – schwarze Schafe gibt es überall. Gutes Brennholz ist aufwendig in der Aufbereitung und hat deshalb seinen Preis.

Umrechnungsfaktoren für unterschiedliche Raummaße bei Scheitholz

	Festmeter (fm)	Rundlinge, geschichtet (rm)	Scheite, 1 m, gekreuzt (rm)	Scheite, 1 m, geschichtet (rm)	Scheite, 33 cm, geschichtet (rm)	Scheite, 33 cm, geschüttet (srm)
Umrechnungfaktoren bezogen auf einen Festmeter:						
Buche	**1,00**	1,70	2,38	1,98	1,61	2,38
Fichte	**1,00**	1,55	2,07	1,80	1,55	2,52
Umrechnungfaktoren bezogen auf einen Raummeter Rundlinge:						
Buche	0,59	**1,00**	1,40	1,17	0,95	1,40
Fichte	0,65	**1,00**	1,34	1,16	1,00	1,63
Umrechnungfaktoren bezogen auf einen Raummeter Meterscheite:						
Buche	0,50	0,86	1,20	**1,00**	0,81	1,20
Fichte	0,56	0,86	1,15	**1,00**	0,86	1,40
Umrechnungfaktoren bezogen auf einen Raummeter 33-cm-Scheite:						
Buche	0,62	1,05	1,48	1,23	**1,00**	1,48
Fichte	0,64	1,00	1,33	1,16	**1,00**	1,62
Umrechnungfaktoren bezogen auf einen Schüttraummeter 33-cm-Scheite:						
Buche	0,42	0,71	1,00	0,83	0,68	**1,00**
Fichte	0,40	0,62	0,82	0,72	0,62	**1,00**

Quelle: Technologie- und Förderzentrum (TFZ) im Kompetenzzentrum für Nachwachsende Rohstoffe Straubing, TFZ Wissen 07/15/#1

Raummeter ist nicht gleich Raummeter

Die Vielzahl gebräuchlicher Maßeinheiten für Brennholz können einige Verwirrung stiften – und geben deshalb des Öfteren Anlass zu Unstimmigkeiten zwischen Käufer und Verkäufer über die Liefermenge. Sicher nicht immer ohne Grund, aber manchmal steckt dahinter ein simples Missverständnis, wie in dem folgenden Fall, den ich selbst erlebt habe:

Ein Hausbesitzer, nennen wir ihn an dieser Stelle Herrn K. wie »Käufer«, rief mich an, weil er glaubte, von einem Brennholzlieferanten betrogen worden zu sein. Er hatte 16 Ster bzw. Raummeter (st bzw. rm) Fichtenholz bestellt, aber nur 13,5 Ster bekommen. Er schilderte folgenden Ablauf: Der Verkäufer, Herr V., Landwirt und Waldbesitzer, lieferte das Holz lose in 33 Zentimeter langen Scheiten in mehreren Fuhren auf seinem Schlepperanhänger und kippte es vor das Haus von Herrn K. Herr K. transportierte die Scheite mit der Schubkarre zum Haus und stapelte sie in seinem Keller Lage für Lage auf. An den sorgfältig errichteten Stapeln konnte Herr K. exakt abmessen, wie viele Ster er eingelagert hat. Zu seinem Missfallen kam er statt der bestellten 16 Raummeter nur auf 13,5. Weil ja alles lose auf einen Haufen gekippt worden war, nahm er an, es könnte daran liegen, dass er »Schüttraummeter« erhalten habe, die, wie er wusste, anders gemessen und bepreist werden als Raummeter. Herr V. musste ihn also betrogen haben. In der Folge kam es zu einem wenig angenehmen Telefongespräch, bei dem jeder den anderen des Betrugs bezichtigte.

Nachdem ich mir das im Keller gestapelte Holz angesehen hatte, klärte sich die Angelegenheit schnell auf: Nach Eingang der Bestellung hatte der Verkäufer an einem seiner Holzlager aus aufgestapelten, einem Meter langen Spältingen genau 16 Raummeter abgemessen und die Meterstücke mit der Wippkreissäge zweimal in der Mitte durch-

Eine internationale Norm für Brennholz (DIN EN ISO 17225-5) legt bestimmte Qualitätsanforderungen fest, ist aber für den Handel noch nicht bindend.

gesägt. Die 33 Zentimeter langen Scheite warf er auf seinen Kipper, fuhr sie zu seinem Kunden und schüttete sie lose in den Hof. Durch das dichte Aufsetzen der Scheite im Keller sackte die Menge von 16 auf 13,5 Raummeter zusammen. Das ist vollkommen normal, denn kürzere Stücke lassen sich mit erheblich weniger Zwischenräumen stapeln als die langen Meterstücke.

Der Vergleich mit der Übersicht auf Seite 154 ergibt Folgendes: Durch das Ablängen der Meterstücke auf 33 Zentimeter und erneutes Aufstapeln reduziert sich das Volumen des ursprünglichen Raummeters auf etwa 0,86. Wenn man nun 16 Raummeter mit dem Faktor 0,86 multipliziert, erhält man 13,76 Raummeter – also ungefähr die Holzmenge, die Herr K. im Keller gestapelt hat. Es lag also kein Betrug vor, sondern ein Missverständnis: Herr V. hatte nach bestem Wissen und Gewissen 16 Raummeter beziehungsweise »Ster« von seinem Holzstapel genommen und dafür, inklusive Kleinsägen und Liefern, mit Herrn K. einen bestimmten Preis vereinbart. Dieser nahm jedoch an, in seinem Keller müssten sich am Ende genau diese 16 Ster in kurzen Scheiten wiederfinden. Für zusätzliche Verwirrung sorgte die lose, geschüttete Lieferung des Holzes. Also nahm Herr K. an, er habe es in Schüttraummetern zu einem überteuerten Preis bekommen. Dabei hatte Herr V. grundsätzlich gar nichts falsch gemacht – er war lediglich gar nicht auf den Gedanken gekommen, dass seinen Kunden die praktischen Zusammenhänge unbekannt sein könnten.

Rat an Käufer und Verkäufer

Lassen Sie sich von diesen Zahlenspielen nicht verwirren. Die Quintessenz des Ganzen ist schlicht: Brennholz aus dem Wald ist und bleibt ein Naturprodukt. Es ist in unterschiedlichen Ausformungen erhältlich, der Wassergehalt kann zum Zeitpunkt des Verkaufs ganz unterschiedlich sein, und jede Holzart bringt andere Eigenschaften mit. Kurz: Es lässt sich, anders als industriell gefertigte und nach Gewicht gehandelte Holzpellets oder -briketts, nicht nach DIN-Norm handeln.

Das Wichtigste ist, dass vor dem Kaufabschluss auf beiden Seiten Klarheit über die Verkaufsmenge und den Preis besteht. Bei Schüttraummetern ist die Sache von vornherein klar: Der Holzpreis gilt für den abgepackten Liefersack. Im Fall von Raummetern sollte man vorab darüber reden, in welcher Form das Verkaufsmaß aufgenommen wird. Meist werden ein Meter lange, gespaltene und luftgetrocknete Scheite die Berechnungsgrundlage bilden. Um einen Raummeter kürzerer Scheite abzumessen, wäre der Verkäufer gezwungen, die gesägten Scheite erneut aufzustapeln. Die zusätzliche Arbeit und die höhere Menge müssten sich im Preis niederschlagen – und das nur wegen der Berechnungsbasis.

Was bedeutet »ofenfertig«?

Als »ofenfertig« bezeichnet man unmittelbar verwendbare, also gespaltene, lufttrockene Scheite mit einer Länge von 25, 33 oder 50 Zentimeter und einem Wassergehalt von höchstens 20 Prozent (siehe Kapitel »Lagern und Trocknen«, Seite 103). Die Länge wählen Sie abhängig von der Brennraumgröße Ihres Ofens. Unser Kaminofen ist mit einem Außenmaß von 40 mal 40 Zentimetern beispielsweise sehr schmal. 33 Zentimeter lange Stücke passen liegend gerade eben so hinein, aber mit 25 Zentimeter langen Scheiten lässt sich die Verbrennung weitaus besser steuern. Vor der ersten Lieferung für einen neuen Ofen sollte man sich deshalb den Brennraum genau ansehen und ihn ausmessen. Fragen Sie diesbezüglich auch Ihren Ofenhändler. Weitsichtige, serviceorientierte Holzverkäufer machen Neukunden auf diesen Umstand aufmerksam.

Tatsächliche Mengenunterschiede ergeben sich jedoch durch die Stapelart: Kreuzweise aufgesetzt, trocknet Holz besonders gut, da durch die relativ großen Hohlräume viel Luft strömen kann. Werden die Scheite parallel gelegt, sind die Hohlräume kleiner. Folglich befindet sich mehr Holz im »Parallelstapel« – so heißt auch das übliche Verkaufsmaß für einen Raummeter – als im »Kreuzstapel«, der zur besseren Trocknung und zur Befestigung eines längeren Holzstapels an den Enden dient. Am besten sieht man sich die zum Verkauf stehenden Holzstöße und -stapel gemeinsam im Ausgangszustand an, vereinbart den gewünschten Lieferzustand – zum Beispiel ofenfertige Scheite in einer bestimmten Länge – und einigt sich dann über den Gesamtpreis inklusive Sägen und Liefern.

Warum Brennholz aus der Region?

Wem bei der Brennholznutzung die ökologischen Aspekte am Herzen liegen, der sollte unbedingt auf Produkte aus regionaler Herkunft setzen. Es lohnt sich auch, sich nach der Trocknungsart zu erkundigen: Im Hinblick auf die Umwelt ist es natürlich besonders günstig, wenn bei der Trockung zum Beispiel die ohnehin vorhandene Abwärme einer Biogasanlage genutzt wird.

Manche Brennholzhändler beziehen ihr Holz in großen Mengen aus Osteuropa, wo es oft vor dem Transport in einer Trockenkammer künstlich auf wenige Prozent Wassergehalt gebracht wurde, um es für den Lkw leichter zu machen und auf diese Weise Kosten zu sparen. Keine Frage: Dieses Brennholz ist billig. Allerdings schadet es die Umwelt in mehrfacher Hinsicht: durch die langen Transportwege zum inländischen Händler und schließlich zum Nutzer, durch den zusätzlichen Energieeinsatz, um dem Holz das Wasser zu entziehen, und durch die in den meisten Fällen als Energiequelle genutzte – weil ebenfalls billige – Kohle. Durch dieses Vorgehen wird die eigentlich günstige Ökobilanz des Produkts Brennholz erheblich belastet. Dazu kommt, dass ein zu niedriger Wassergehalt unter 10 Prozent sich auch bei der Verbrennung negativ auswirkt (siehe Kapitel »Holz und sein Heizwert«, Seite 125).

Noch ein Wort zu den Marktpreisen: Diese befinden sich immer ein wenig im Fluss, sodass es wenig sinnvoll wäre, an dieser Stelle Preise zu nennen. Interessant ist jedoch, dass die Preise für Brennholz relativ stabil und keinen so starken Schwankungen unterworfen sind wie etwa der Ölpreis. Grundsätzlich ist Brennholz in der Nähe von Ballungsgebieten etwas teurer als im ländlichen Raum, und wo es weniger Buche oder Eiche gibt, kosten diese Holzarten aus nachvollziehbaren Gründen mehr. Aber da sind wir wieder bei der Regionalität: In diesem Fall greift man am besten einfach auf andere Holzarten zurück.

Achten Sie darauf, dass der Brennholzhof Ihres Vertrauens heimisches und regionales Holz verkauft.

Das Holz des Kirwabaums

Sicher hat sich so mancher, der ab und an im Wald unterwegs ist, schon einmal darüber Gedanken gemacht, wie viel Brennholz denn eine große, alte Fichte, Kiefer oder Tanne hergeben würde – auch wenn solche stattlichen Bäume unter normalen Umständen gewiss nicht in Gänze in den Ofen wandern. Aus dem gesunden, geraden Stammteil werden normalerweise Bretter, Latten und Balken geschnitten. Nur das bautechnisch wertlose Gipfelstück wird »zu Kleinholz gemacht«. Aber es gibt durchaus Gelegenheiten, bei denen es auch den ganzen Baum treffen könnte …

In der Oberpfalz ist der alte Brauch des »Kirwafeierns« weitverbreitet. »Kirwa« heißt woanders »Kirta« oder »Kirmes« und kommt eigentlich von »Kirchweih«; allerdings haben sich die Schwerpunkte des Fests schon seit langer Zeit vom ursprünglich geistlichen Hintergrund zu eher weltlichen Dingen verlagert. Herzstück ist nach wie vor der »Kirwabaum«, eine mindestens 30 Meter lange, starke Fichte. Das Fest geht über mehrere Tage, es wird viel gegessen und getrunken, und am Sonntag folgt mit dem »Kirwabaum austanzen« zur Blasmusik durch die »Kirwaboum« mit ihren »Kirwamoidln« einer der Höhepunkte des Festes.

Die Raigeringer Kirwa bei Amberg hat es in der Region zu besondere Bekanntheit geschafft. Sie ist die älteste Traditionskirwa in der Oberpfalz und wird jedes Jahr vom örtlichen Burschenverein 07, gegründet im Jahr 1907, organisiert und veranstaltet. Der Biergarten ist gemütlich, das Bier von der Brauerei Sterk extra stark eingebraut, die Bratwürste kommen vom Rost und werden mit Kraut und Senf serviert, und für den Fall, dass das Wetter nicht mitmacht, gibt es ein Zelt. Kurz: Es ist für alles gesorgt, was man für ein paar zünftige Festtage braucht.

Die Burschen des Burschenvereins 07 in Raigering tragen mit vereinten Kräften und Blasmusikbegleitung den Kirwabaum. Der sieht nach viel Brennholz aus!

Der Baum wird traditionell am Samstag aufgestellt. Mit sehr langen, stabilen Holzstangen, den sogenannten Schwalben, und der Muskelkraft des versammelten Burschenvereins wird er in die Senkrechte geschoben. Die Prozedur ist sehr zeitintensiv, fünf bis sechs Stunden sind das Minimum. Da bleibt den Zuschauern, die unter den Kastanien und Weiden an den Biertischen vor ihren Maßkrügen sitzen und das Spektakel genießen, viel Zeit für ein paar ganz grundlegende Überlegungen zum Baum. Zuerst kommt immer die Frage: Wie lang ist der Baum dieses Jahr? Und wie dick? Und schließlich, um in der heimischen Mundart zu bleiben: »Woas hoat er denn?«, zu Hochdeutsch: »Was hat er denn?«, womit gemeint ist, wie viele Festmeter er hat. Diese letzte Frage ist nicht ganz unwichtig, denn der Baum wird im Verlauf der nächsten Festtage per Losverkauf an den Mann oder die Frau gebracht. Grund genug, sich schon einmal insgeheim auszumalen, was man daraus machen würde, sollte man ihn tatsächlich gewinnen. Bretter schneiden lassen? – Hm, nein, braucht man eher selten. – Aber Brennholz wäre gut! Aus diesem Baum ließe sich bestimmt einen ansehnliche Menge Holzscheite machen, und man hätte es lange warm. Wie viel Ster – also Raummeter – er wohl hergeben würde?

Um auf die Schnelle die Festmeter auszurechnen, benötigt man die Länge und den Durchmesser des Stamms. Wer also noch vor der endgültigen Verlosung genau kalkulieren will, auf welche Holzmenge er sich einstellen müsste, könnte die frühen Vormittagsstunden des Sonntags nutzen, um vor dem Einsetzen des festlichen Treibens die nötigen Daten zu erheben.

Zunächst gilt es, mit einem Maßband oder einer langen Schnur den Stammumfang in Brusthöhe zu messen. Vom Maßband lässt er sich sofort ablesen, bei der Schnur macht man einen Knoten an der betreffenden Stelle und misst hinterher. Beim abgebildeten Baum waren es 1,57 Meter.

Mit Muskelkraft und den sogenannten »Schwalben« wird der Festbaum aufgestellt …

Daraus lässt sich der Durchmesser errechnen. Für alle, die sich nicht mehr ganz exakt an ihren Mathematikunterricht erinnern: Die Formel für den Durchmesser lautet:

$$\frac{\text{Umfang u}}{\text{Pi (3,14)}} = \text{Durchmesser d}$$

In unserem Fall wären das 0,5 Meter (= 1,57 m / 3,14).

Als Nächstes kommt eine sehr schöne Faustformel zum Einsatz, die jeder kennt, der beruflich im Wald arbeitet: **»dequadratlacht«**. Was es damit auf sich hat? Ganz einfach: Der Durchmesser **d** des Baumes im **Quadrat** mal die Länge **l** mal 0,**8** (etwa Pi/4) ergibt das Stammvolumen. Mathematisch schreibt sich das folgendermaßen:

$$\text{Durchmesser } d^2 \times \text{Länge } l \times 0{,}8$$

Mit $d^2 \times 0{,}8$ wird zunächst die Kreisfläche des Baumquerschnittes errechnet. Aber wie geht es dann weiter? Sicher ist es Ihnen schon aufgefallen: Wir kennen ja die Höhe des Baumes noch gar nicht, und am bereits aufgestellten Baum können wir sie schlecht messen, oder?

Wir behelfen uns mit einem Trick: Wir waren so vorausschauend, uns im Vorfeld eine Holzlatte, einen geraden Ast oder etwas Ähnliches zu besorgen, das ein wenig länger ist als unser Arm. Nun gehen wir auf einige Distanz zum Baum. Wir strecken den Arm so vor uns aus, dass vom Auge zur Hand eine parallele Linie zum Boden verläuft (siehe Grafik). Den Stab halten wir so in der Hand, dass der senkrecht nach oben weisende Teil so lang ist wie unser Arm.

Wir visieren über die Spitze des Stabes und verändern den Abstand zum Baum, bis sich das Stabende mit der Baumspitze deckt. Würde der

Was es mit dem Försterdreieck auf sich hat

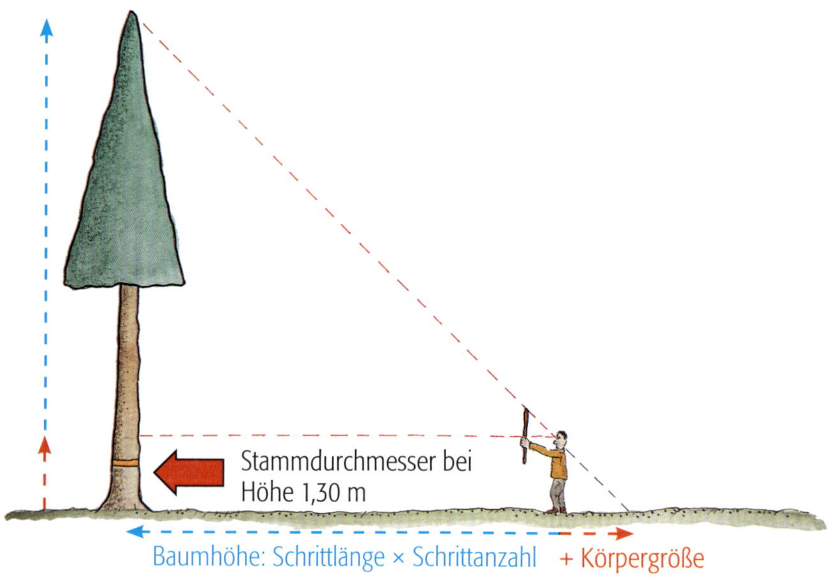

Mithilfe des Försterdreiecks lässt sich mit einfachen Mitteln die ungefähre Höhe eines Baums bestimmen.

Baum jetzt unvermittelt in unsere Richtung stürzen, müssten wir nur rechtzeitig drei bis vier Schritte zurück machen, und wir wären in Sicherheit: Die Spitze schlüge kurz vor unseren Schuhspitzen auf – vorausgesetzt, unser Augenmaß war richtig. Àpropos Schritte zurück: Kennen Sie Ihre Schrittlänge? Die brauchen wir nämlich jetzt. Gehen wir einmal von 80 Zentimetern aus. Nun schreiten wir auf den Stamm zu und zählen dabei unsere Schritte. Die Zahl der Schritte multipliziert mit 0,8 Meter plus unsere Körpergröße ergibt die Höhe des Baumes. Bei dem auf dieser Seite abgebildeten Baum sind wir mit unserer Methode auf 34 Meter gekommen.

Jetzt können wir unsere Dequadratlacht-Formel nutzen. Allerdings erhalten wir erst eine realistische Aussage über die tatsächlich vorhandene, verwertbare Holzmasse, wenn wir das bisherige Ergebnis noch mit der für diesen Fall passenden Formzahl 0,4 multiplizieren. Sie ist nötig, weil der Baum kein gerader Zylinder, sondern ein Kegel ist und wir die Kreisfläche nicht in der Mitte des Baumes, sondern fast an seinem unteren Ende erhoben haben.

Bei unserem Kirwabaum kamen wir auf diese Weise auf $0{,}50\ m^2 \times 0{,}8 \times 34\ m \times 0{,}4 = 2{,}72$ Festmeter reines Holzvolumen. Umgerechnet sind das – Sie können den Faktor (1,8) der Liste auf Seite 52 entnehmen – fast 4,9 Raummeter beziehungsweise Ster aufgestapelte 1-Meter-Scheite. Ob es sich im Fall des Gewinns, selbst bei einem moderaten Lospreis von zwei Euro, grundsätzlich um ein lohnendes Geschäft gehandelt hat, müsste sich aber erst noch zeigen. Denn nur die Vertreter des Burschenvereins dürfen den Baum fachmännisch wieder umlegen. Als Gegenleistung werden Sie von seinem neuen Eigentümer eine deftige Brotzeit mit entsprechender Bierbeilage einfordern. Das Brennholz könnte also ziemlich teuer werden … und klein gemacht ist es dann auch noch nicht. Vielleicht investieren wir das Geld für die Lose doch besser in eine weitere Maß Festbier.

… und steht in seiner ganzen Pracht da. Wie viel Festmeter Holz wohl in ihm stecken?

Selbstwerbung

Sein Brennholz selbst zu machen ist etwas ganz Besonderes. Es ist schwer zu erklären, warum man es tut. Natürlich spielt der auf den ersten Blick günstigere Preis eine Rolle, aber vermutlich hat es etwas mit der durchaus reizvollen Vorstellung zu tun, sich selbst versorgen zu können, ähnlich, wie es auch unsere Vorfahren taten. Mit einem entscheidenden Unterschied: Während diese gar keine andere Wahl hatten, gehen wir in den Wald, weil es uns Spaß macht.

Quellen für Selbstwerber

Wer sein Brennholz selbst machen will und einen eigenen Wald besitzt, ist natürlich fein raus. Für alle anderen stellt sich die Frage: Woher nehmen, wenn nicht stehlen? Die gute Nachricht ist: Man muss nicht unbedingt Waldeigentümer sein, sondern kann auch bei staatlichen oder kommunalen Forstbetrieben oder privaten Waldbesitzern nachfragen, ob man dort sein Brennholz gewinnen darf.

Im eigenen Wald

Wir leben in einer Zeit, in der viel Vermögen und Besitz vererbt wird, dazu gehören auch Waldgrundstücke. Früher ging Waldeigentum meist aus einem landwirtschaftlichen Gesamtvermögen an den Hoferben über. Bekanntermaßen nimmt aber die Zahl der Landwirte rapide ab, und ihre Kinder und Erben gehen ganz anderen Berufen nach. Die landwirtschaftlichen Flächen werden dann oft verkauft oder zumindest längerfristig an andere Landwirte verpachtet. Wald bleibt hingegen häufig in der Familie oder wird verkauft – häufig an einen Personenkreis, der ebenfalls keiner landwirtschaftlichen Tätigkeit nachgeht. So kommt es, dass neue Waldbesitzer, egal ob Erben oder Käufer, mitunter zunächst ein wenig überfordert sind. Wie geht man am besten mit dem neuen Besitz um? In manchen Bundesländern können Waldbesitzer eine kostenlose Fachberatung beim örtlich zuständigen Beratungsförster in Anspruch nehmen. In Bayern findet man zum Beispiel in jedem Landkreis in den Ämtern für Ernährung, Landwirtschaft und Forsten einen hierfür zuständigen Ansprechpartner.

Waldarbeit heute: Beim Ablängen von liegendem Holz auf Meterabschnitte trennt man kritische Stücke nur halb durch und dreht sie dann mit dem Wendehaken – eine Sache, die Sie im Motorsägenkurs lernen.

Auch wenn es bei der Beratung schwerpunktmäßig meist um Waldpflege, Holzeinschlag und das Pflanzen von jungen Bäumen geht, kommt das Thema Brennholz gar nicht so selten mit auf den Tisch – gerade im Kleinprivatwald, wo es weniger darum geht, die Waldfläche rein betriebswirtschaftlich zu betrachten.

Die Brennholz-Ausbeute

In diesem Zusammenhang zeigte mir einmal ein frisch gebackener Waldbesitzer voller Stolz sein neues Reich. Ein großes Anliegen war ihm zu erfahren, ob die dort vorhandene Holzmenge denn ausreichen würde, um seinen Brennholzbedarf zu decken. Auf meine Gegenfrage, wie viel er denn im Jahr verheize, antwortete er: »So um die zwölf Ster.« Seine Waldfläche war immerhin drei Hektar groß. Ich schätzte den Zuwachs nach den forstlichen Gegebenheiten in dieser Region auf durchschnittlich sieben Festmeter pro Hektar und Jahr. Also konnte er rein rechnerisch jedes Jahr insgesamt 21 Festmeter Holz gewinnen, ohne den vorhandenen Holzvorrat anzugreifen – diese Menge würde ja in der gleichen Zeit wieder nachwachsen. 21 Festmeter ergeben gemäß einem Umrechnungsfaktor von rund 1,9 (Tabelle Seite 52) knapp 40 rm (Ster) aus 1-Meter-Scheiten. Die Versorgung seines Kachelofens war also mehr als gesichert.

Ich gab ihm den Rat, gemäß dem forstlichen Grundsatz »Das Schlechte fällt zuerst« im Rahmen der allgemeinen Waldpflege zuerst die schlechteren, krummen oder beschädigten und weniger starken Bäume als Brennholz zu gewinnen und später, falls er irgendwann auch stärkere Bäume nutzen wollte, unbedingt die »guten« geraden und stärkeren Stämme als Rundholz zu verkaufen und nur den Gipfelbereich als Brennholz aufzuarbeiten. Dieser Hinweis gilt natürlich auch für alle anderen Neulinge unter den Waldbesitzern.

Vor der Erfindung der Motorsäge mussten Bäume in mühseliger Zweimann-Handarbeit mit wahren Zugsägen-Ungetümen gefällt und zerteilt werden. Das brauchte dann schon seine Zeit …

Bei einem späteren Treffen haben wir dann gemeinsam einige Altbäume ausgewählt und markiert, die er über die örtliche Waldbesitzervereinigung einschlagen und verkaufen ließ – dabei blieb reichlich astiges Gipfelholz für eine wohlig warme Stube im Winter übrig.

Brennholz ohne Waldbesitz

Wer Vergnügen daran findet, sein Brennholz selbst zu machen, aber keinen eigenen Wald besitzt, kann sich wie gesagt an die staatlichen oder kommunalen Forstbetriebe wenden oder bei privaten Waldbesitzern in seiner Region nachfragen.

Wenn sogenanntes Selbstwerberholz aus den Reststücken von Waldeinschlägen stammt, dann handelt es sich um bereits liegendes Holz. Es kann aber auch nötig sein, noch stehende, schwächere Bäume in jüngeren Beständen im Rahmen einer »Durchforstung« mit der Motorsäge zu fällen.

Bis zur Jahrtausendwende war selbst gemachtes Brennholz aus dem Wald ausgesprochen günstig zu haben. Mittlerweile ist die Nachfrage gestiegen, und damit gingen auch die Preise nach oben. Aber auch wenn der preisliche Abstand zum fertigen Brennholz geschrumpft ist, ist Selbstwerbeholz immer noch deutlich günstiger. Allerdings ist die Selbstwerbung auch mit einigem finanziellen Aufwand verbunden, vor allem für die notwendige Arbeitsausrüstung. Rechnet man alle Aufwendungen zusammen, kann es schnell wieder preiswerter sein, das Brennholz ofenfertig zu kaufen.

Man sollte sich also gut überlegen, aus welchem Grund man sein Brennholz selbst machen will. Es ist definitiv anstrengend, steigert aber natürlich auch die körperliche Fitness, und viele werden irgendwann regelrecht süchtig danach. Aber wir wollen ja an dieser Stelle keinen philosophischen Diskurs beginnen … Gehen wir also einfach davon aus, dass Sie zu denjenigen Menschen gehören, die keine größeren Rückenprobleme haben, gerne im Wald unterwegs sind und das Holzmachen als Ausgleich zu ihrem körperlich wenig fordernden Bürojob sehen.

Sie lassen sich also vom Förster ein Waldstück zuweisen, schnappen sich eine Motorsäge und legen los – oder? Ganz so einfach ist es nicht. Verantwortungsbewusste Waldbesitzer und Forstbetriebe werden Sie nicht ohne Weiteres in ihren Wald lassen, sondern neben einigen anderen Formalitäten den Nachweis eines sogenannten Motorsägenführerscheins verlangen. Denn Waldarbeit mit Motorsäge ist eine nicht ganz ungefährliche Tätigkeit, bei der die von den Trägern der gesetzlichen Unfallversicherungen erlassenen Unfallverhütungsvorschriften (UVV Forsten) gelten. Sie haben Gesetzeskraft und müssen bei der Arbeit beachtet werden.

Auch die richtige Wartung der Motorsäge kann am besten von einem Fachmann vermittelt werden.

Vom Polter weg

Recht beliebt ist inzwischen der Kauf von teilaufgearbeitetem Brennholz an der Waldstraße. Als »Polter« bezeichnet man bereits nach Länge und Qualität bzw. Verwendungszweck sortiertes Holz, das am Sammelplatz zur Abholung bereitliegt. Industrieholzpolter aus regulären Holzeinschlägen werden von den Eigentümern oft auch als Brennholz angeboten. Bezahlen muss man dann natürlich den aktuellen Industrieholzpreis. Wer bei einem Sonntagsspaziergang an so einem Polter vorbeikommt und Interesse daran hat, muss natürlich zunächst einmal den Besitzer ausfindig machen. Aber zuallererst ist es ja für die eigene Kalkulation und Planung interessant, wie viel Holz in dem Polter steckt. Da ein Polter meist ein nach oben abgerundeter Haufen ist, muss man sich mit einer groben Berechnung behelfen. Das ist nicht weiter schwer: Zuerst ermitteln Sie durch Schrittmaß die Länge des Polters (im Bild: blaue Linie) schätzen dann die Höhe (gelbe Linie), an der Sie eine gedachte waagerechte Linie ziehen (rote Linie) müssen, um das darüber hinausragende Holz (gelbes Dreieck) in den beiden noch nicht ausgefüllten Ecken (grüne Ecken) unterzubringen. In unserem Fall beträgt die Länge der Stammabschnitte durchschnittlich fünf Meter (grüne Linie), bei einer Polterlänge von sieben Metern und einem ca. zwei Meter hohen Haufen. Das sind 7 × 2 × 5, also 70 Raummeter. Mit dem ungefähren Faktor 0,65 (Tabelle Seite 52) für Fichte, um diese Holzart handelt es sich in diesem Polter vorwiegend, kommen wir auf etwa 45 Festmeter reine Holzmasse. Wie gesagt, nur eine grobe Rechnung, aber sie genügt uns, um einen Rückzieher zu machen. Denn das wären einige ziemlich arbeitsreiche Wochenenden. Halten wir besser Ausschau nach einem kleineren Polter vielleicht finden wir auch noch irgendwo Buche oder Birke, die zu haben wäre …

Eine Alternative zum »reinen« Selbsterwerb ist es, teilaufgearbeitetes Holz »vom Polter weg« zu kaufen. Vorab sollten Sie unbedingt eine Mengenschätzung vornehmen.

Sicheres und effizientes Arbeiten

Es geht beim Brennholzmachen zwar nicht um das Fällen starker Bäume – das sollte ohnehin Profis mit der nötigen Routine vorbehalten bleiben –, aber auch der Einsatz der Motorsäge in schwächerem Holz ist mit erheblichen Verletzungsrisiken verbunden. Deshalb finden Sie in diesem Buch zwar viele praktische Hinweise zu Ausrüstung etc., aber bis auf vereinzelte Tipps keine Erklärungen oder Anleitungen zum Arbeiten mit der Motorsäge. Grundsätzlich sollte jeder, der eine Motorsäge in die Hand nimmt, eine Grundausbildung in Handhabung und sicherem Umgang damit haben. Das betrifft zuallererst Waldbesitzer und ihre Helfer, für die die Sozialversicherung für Landwirtschaft, Forsten und Gartenbau zuständig ist. Einige öffentliche Forstverwaltungen führen an ihren Standorten Grundkurse zur »Arbeitssicherheit mit der Motorsäge« für Waldbesitzer und ihre Helfer durch. Daneben bieten private Veranstalter, Waldbesitzervereinigungen und Forstbetriebsgemeinschaften sowie große Forstbetriebe mit eigenem Selbstwerbungsbetrieb Kurse zum Erwerb des Motorsägenführerscheins an. In diesen ein- bis zweitägigen Lehrgängen vermitteln Ihnen geschulte Fachleute neben theoretischen Inhalten den sicheren und ergonomischen Umgang mit der Motorsäge und bewährte Schnitt- und Holzaufarbeitungstechniken. Ein guter Ausbilder wird auch bei Fehlern und Unsicherheiten sofort korrigierend eingreifen. Achten Sie darauf, dass der von Ihnen gewählte Anbieter eine von der Sozialversicherung für Landwirtschaft, Forsten und Gartenbau anerkannte Teilnahmebescheinigung ausstellen kann.

Ausbildung im sicheren Umgang mit der Motorsäge: Alle Teilnehmer tragen die persönliche Schutzausrüstung für Forstarbeiten (PSA).

Ein Kofferraum voll mit notwendigem und sinnvollem Arbeitszubehör für Brennholzselbstwerber.

STIHL
MS 260

Kleidung und Schutzausrüstung

Bevor wir zu der Frage kommen, welches Werkzeug für die Selbstwerbung sinnvoll ist, widmen wir uns der Arbeitsbekleidung: Ein paar wetterfeste Schuhe, eine grobe Arbeitshose und ein breitkrempiger Hut gegen Regen reichen für die Arbeit mit der Motorsäge nicht aus. Die Bekleidung muss den geltenden Unfallverhütungsvorschriften genügen – dazu gehört auch das Tragen der »Persönlichen Schutzausrüstung«, kurz: PSA. Aus versicherungstechnischen Gründen lässt kein professionell aufgestellter Waldbesitzer – weder der Staat noch die Länder, Kommunen oder die Großprivatwaldbesitzer – Selbstwerber ohne eine unterschriebene Sicherheitserklärung in seinen Wald. Neben anderen wichtigen Punkten wie die Erklärung über die Teilnahme an einem Motorsägenkurs muss der Selbstwerber darin bestätigen, dass er seine Schutzausrüstung bei der Arbeit auch trägt. Zur **PSA Forst** gehören im Einzelnen:

Einfüllen von Benzin

Verwenden Sie unbedingt Sonderkraftstoff aus Alkylatbenzin statt mit Öl gemischtes Pkw-Motorenbenzin. Es schützt die Gesundheit des Anwenders und pflegt darüber hinaus den Kleinmotor der Motorsäge.

- ein **Forsthelm** mit Gesichts- und Gehörschutz, der nicht älter ist als fünf Jahre – beachten Sie hierzu die Prägung auf der Helminnenseite. Kostenpunkt: etwa 30 Euro
- eine **Schnittschutzhose** (erhältlich ab 100 Euro)
- **Sicherheitsschuhe mit Stahlkappe und Schnittschutzeinlagen** (50 bis 150 Euro)
- **Arbeitshandschuhe**. Für die Arbeit mit der Motorsäge gibt es spezielle Handschuhe mit Noppen oder rutschfester Gitterbeschichtung (ca. 5 Euro)

Eine professionelle **Waldarbeitsjacke** (ab 50 Euro) ist zwar nicht vorgeschrieben, sie schützt aber gegen schlechte Witterung und sorgt mit entsprechenden neonfarbigen Leuchtpartien im Wald für eine bessere Sichtbarkeit. Eine Alternative wäre eine normale Warnweste. Da man ja bei der Arbeit mit der Motorsäge grundsätzlich zu zweit unterwegs ist, ist es wichtig, dass man sich gegenseitig im Blick hat.

Sinnvolle Arbeitsgeräte

Als Selbstwerber benötigen Sie eine ganze Reihe von Arbeitsgeräten. Neben der Motorsäge haben sich folgende Gerätschaften bewährt:

- Doppelkanister
- Universal-Forstaxt
- Fällkeil
- Fällheber mit Wendehaken
- Packzange
- Sappie
- Spaltaxt und Alu-Spaltkeil

Darüber hinaus brauchen Sie natürlich eine Transportmöglichkeit, um das gewonnene Holz nach Hause zu bringen. In der Regel wird das ein Pkw-Anhänger sein.

Motorsäge

Für eine Motorsäge mit etwa 3,5 PS müssen Sie zwischen 300 und 700 Euro einkalkulieren. Eine Schnellstartvorrichtung und eine Griffheizung für den Winter erleichtern die Arbeit enorm. Eine Schwertlänge von 35 Zentimetern ist in der Regel absolut ausreichend, denn der Durchmesser idealer Brennholzbäume liegt nicht über 25 Zentimeter. Stärkere Bäume liefern nur schweres Holz, und der Abtransport gestaltet sich schwieriger. Zudem müsste das Holz dann schon im Wald gespalten bzw. klein geschnitten werden, und die Arbeit wird mit jedem zusätzlichen Zentimeter Durchmesser gefährlicher – insofern ist es gar nicht erstrebenswert, mit größeren Schwertlängen zu hantieren.

Doppelkanister

Ein Doppelkanister, möglichst mit Werkzeugkästchen, fasst Benzin und Kettenöl in einem Behälter – eine praktische Angelegenheit, vor allem, wenn man die Füllmenge von außen erkennen kann (ca. 40 Euro). Achten Sie im Übrigen darauf, nur umweltfreundliche Produkte zu verwenden. Dazu gehört auch biologisch abbaubares Sägekettenöl.

Universal-Forstaxt

Eine Universal-Forstaxt (um 50 Euro) ist beispielsweise nützlich, um nicht zu starke grüne Äste abzuschlagen. Trockene Äste von Nadelbäumen bricht man am einfachsten mit dem Axtrücken ab. Das schont die Schärfe der Schneide, die man für die grünen Äste braucht.

Stärkere Äste lassen sich mit der Motorsäge schneller entfernen – wie man das ergonomisch und effizient macht, lernen Sie im Motorsägenkurs.

Fällkeil

Ein Fällkeil kommt eigentlich beim Fällen stärkerer Bäume zum Einsatz. Sie werden ihn aber auch beim Brennholzmachen im schwächeren Holz schätzen

TIPP

Abläng-Hilfe

Mit einem »Kabelbinder-Schwänzchen« lässt sich die Motorsäge auf genau einen Meter verlängern. Das ersetzt den alten »Reißmeter« und spart Zeit beim Ablängen der Riegel. Befestigen Sie den Kabelbinder einfach am Griff der Motorsäge und schneiden Sie ihn so ab, dass Säge und Kabelbinder zusammen genau einen Meter lang sind.

Doppelkanister: Benzin und Kettenöl in einem Behälter

Schwächere grüne Äste schlägt man mit der Forstaxt ab.

Weil Fällkeile gelegentlich mit der Sägekette kollidieren, dürfen sie nicht aus Stahl sein.

Mit dem Fällheber mit Wendehaken lassen sich liegende Bäume drehen, um sie zu entasten oder ganz durchzuschneiden.

Starke Äste werden mit der Motorsäge entfernt.

lernen, wenn sich die Kette Ihrer Säge einmal beim Trennschnitt in einem liegenden Stamm verklemmt. Mit dem Keil lässt sich der geschlossene Spalt wieder öffnen. Am besten kaufen Sie sich zwei dieser Keile aus Alu oder Plastik für je ca. 10 Euro, auf keinen Fall jedoch einen aus Stahl.

Fällheber mit Wendhaken

Der Fällheber dient unter anderem dazu, einen – nicht zu dicken! – angeschnittenen, aber noch stehenden Baum umzuhebeln. Versuchen Sie das nicht ohne Anleitung!. Die dazu nötige komplexe Schnitttechnik lernen Sie im Motorsägenkurs.
Den verstellbaren Wendehaken am Fuß des Fällhebers verwendet man, um einen Baum, der sich bei der Fällung an den Nachbarn gelehnt hat, von diesem abzuziehen und um liegende längere Stämme für die Trennschnitte oder zum Entasten zu wenden. Eventuell muss die Spitze des Hakens etwas angeschliffen werden, damit sie durch die Rinde hindurch sicher ins Holz fasst und nicht unter Zug abgleitet. Wendehaken dürfen deswegen nur ziehend verwendet werden. Stellen Sie sich also auf die richtige Seite des Baumes. Würde man nämlich versuchen, den Stamm »drückend« zu drehen, könnte man abrutschen, über den Stamm fallen und sich dabei verletzen. Ein schwererer Baumstamm könnte auch plötzlich wieder zurückrollen und würde zusammen mit der Fällheberstange genau auf den Anwender zukommen. Ein Fällheber mit Wendehaken kostet etwa 60 Euro.

Packzange

Die Packzange ist absolutes Muss zum Brennholzmachen. Wer keine benützt, ist selbst schuld. Mit der Packzange lassen sich auf einen Meter abgelängte Rundlinge bequem über den Boden ziehen, was den Rücken ungemein schont. Sobald Sie am Griff ziehen, fassen die spitzen Haken zu. Achten Sie beim Kauf auf einen großen Öffnungswinkel. Auch beim Beladen des Anhängers ist die Packzange hilfreich (siehe Folgeseite).

Aufladen mithilfe der Packzange

① Mit einer langen Packzange lassen sich Rundlinge von 1 Meter Länge mühelos zum Anhänger »vorliefern«.

② Stellen Sie den Rundling mithilfe einer kurzen Packzange an der Ladefläche auf.

③ Wechseln Sie mit der Packzange ans untere Ende des Rundlings. Die freie Hand liegt am oberen Ende.

④ Neben Sie den Rundling ganz auf die Ladefläche. Muten Sie sich nicht zu viel zu – Sie haben nur einen Rücken.

Der Sappie ist ein vielseitiges Werkzeug, mit dem sich ergonomisch arbeiten lässt: Seine Spitze wird ins Holz eingeschlagen, um es leichter ziehen oder wenden zu können.

Beim Einsatz von Stahlkeilen müssen Sie einen Spalthammer mit Polymer-Schlagfläche verwenden.

Beim Transport kommt es vor allem auf die Ladungssicherheit an.

Sappie

Der Sappie dient zum Ziehen und Bewegen von Holz. Je nach Länge kostet er etwas weniger oder mehr. Die kürzere Version nennt man »Handsappie«, mit der langen Form lassen sich sowohl kleinere Baumstämme als auch Meterholz gut handhaben. Dieses Gerät brauchen Sie unbedingt, wenn Sie einen Polter Holz an der Waldstraße gekauft haben (siehe Seite 64). Die Bezeichnung leitet sich übrigens vom italienischen Wort »zappa« ab, was schlicht »Hacke« bedeutet.

Spaltaxt und Spaltkeil

Eine Spaltaxt und einen Spaltkeil benötigt man, wenn man ein schweres Meterstück gleich vor Ort spalten möchte (siehe Seite 77). Spaltkeile haben eine schärfere Spitze bzw. Schneide als Fällkeile und bestehen optimalerweise aus Alu, denn Stahl kann beim Einschlagen splittern. Drehspaltkeile (ca. 30 Euro) sind, wie der Name schon sagt, in sich gedreht – das erhöht die Spaltwirkung. Der Spalthammer (ca. 120 Euro) ist der große Bruder der Spaltaxt (ca. 80 Euro): Er ist schwerer und für das Spalten größerer Stücke geeignet.

Für den Transport

Wenn Sie sich, um Ihr Brennholz nach Hause zu bringen, neben den genannten Werkzeugen erst noch einen **Pkw-Anhänger** kaufen müssen, kommt noch ein stattlicher Geldbetrag dazu. Doch unabhängig davon, ob Sie mit einem eigenen oder geliehenen Anhänger losziehen: Denken Sie auch daran, dass die Ladung beim Transport durch entsprechend starke **Spanngurte** bzw. bei kleinen Stücken durch ein **Ladeflächen-Netz** gesichert werden muss. Außerdem ist es ein Unterschied, ob schweres waldfrisches oder bereits getrocknetes und damit leichteres Holz transportiert wird. Halten Sie die erlaubte Anhängelast für Ihren Pkw und das zulässige Gesamtgewicht des Hängers unbedingt ein. Überprüfen Sie auch den Luftdruck in der Bereifung.

Voraussetzungen für die sichere Selbstwerbung

Ihrer Sicherheit zuliebe sollten Sie bei der Waldarbeit folgende Verhaltensregeln unbedingt beherzigen:

- Arbeiten Sie nach Möglichkeit **nie alleine** mit der Motorsäge.
- Stellen Sie Ihr **Fahrzeug** immer mit der vorderen Stoßstange **in »Fluchtrichtung«** ab. Es muss bei einem Unfall sofort in Richtung Arzt, Rettungstreff oder Krankenhaus startbereit sein. Große Wendemanöver könnten im Ernstfall zu viel Zeit kosten bzw. in der Aufregung schiefgehen – und ein feststeckender Wagen wäre das Allerletzte, was man in einer solchen Situation brauchen könnte. Und auch, wenn sich das leichter sagt, als es durchzuhalten ist: Bleiben Sie während der Fahrt zum Rettungspunkt o. Ä. möglichst ruhig.
- Neben der **Erste-Hilfe-Ausrüstung** im Pkw sollten Sie immer zwei Kompressen und eine Notfallbandage in den Taschen der Schnittschutzhose oder Arbeitsjacke griffbereit haben.
- Führen Sie eine **Signalpfeife** mit sich, um im Notfall Kollegen oder den Rettungsdienst auf sich aufmerksam zu machen.
- Überprüfen Sie, ob Ihr **Mobiltelefon** aufgeladen ist und Empfang hat. Ist Letzteres nicht der Fall, dann suchen Sie einen Platz in der Nähe, von dem aus man telefonieren kann, und sprechen Sie sich mit Ihrem Begleiter ab.
- Vergewissern Sie sich vor Arbeitsbeginn über die Lage des nächstgelegenen Rettungstreffpunktes. In einigen waldreichen Bundesländern – darunter Bayern, Baden-Württemberg und Thüringen – wurden, initiiert von den staatlichen Forstverwaltungen, in den letzten Jahren flächendeckend solche durchnummerierten, beschilderten Punkte eingerichtet. In anderen Bundesländern gibt es ähnliche Pläne. Nennt man der Rettungsstelle eine dieser Nummern, weiß diese sofort, wohin sie die Retter schicken muss. Dort muss das Rettungsteam dann abgeholt und zum Verunglückten gelotst werden, falls dieser aufgrund seiner Verletzungen nicht dorthin gebracht werden kann. Im Internet kann man sich über die Lage der Rettungstreffpunkte in der jeweiligen Region informieren. Es gibt auch Apps für das Smartphone, die einen über die GPS-Navigationsfunktion zum nächstgelegenen Rettungstreffpunkt leiten.
- Auf **Notfallkarten** für den Geldbeutel kann man alle wichtigen persönlichen Daten und die Nummer des nächstgelegenen Rettungspunktes eintragen.

Die Lage des nächstgelegen Rettungstreffpunktes sollte jedem, der im Wald unterwegs ist, bekannt sein.

STIHL

Sägen und Spalten

Vor dem Trocknen müssen die Meterrundlinge auf Ofenlänge gebracht und gespalten werden – sei es mit der Axt oder mit maschineller Unterstützung. Und für die (verletzungsfreie) Gewinnung von Kleinholz zum Anfeuern aus den Scheiten gibt es noch einmal ganz eigene Methoden, die wir Ihnen im Folgenden ebenfalls vorstellen.

Vom Rundling zum Kleinholz

Dieses Kapitel führt uns an den heimischen Säge- und Hackplatz: Es geht um das richtige Vorgehen und das nötige Zubehör beim Sägen und Spalten des Rohmaterials, um praktische Vorrichtungen, die Ihnen die Arbeit erleichtern, und nicht zuletzt um die Wahl der Axt und den Umgang damit.

Spalten von Meterrundlingen

Wir haben also unser künftiges Brennholz, lauter Rundlinge mit einem Meter Länge, glücklich nach Hause zu unserem Holzplatz transportiert, wo es nun weiterverarbeitet werden soll. Wie bekommt man die frischen und schweren Rundlinge am besten klein? Grundsätzlich gibt es zwei Möglichkeiten, aus Meterrundlingen Kleinholz zu machen: Sie werden entweder im Ganzen der Länge nach zu »Spältlingen« gespalten und zum Trocknen aufgeschichtet, um erst später zugesägt zu werden, oder zunächst auf Ofenlänge gebracht und dann gespalten.

Da wir Hobbyholzmacher und keine Profis sind, bleibt das Hantieren mit größeren Maschinen in diesem Buch außen vor. Trotzdem haben Sie eine breite Auswahl von verschiedenen Arbeitsmethoden, je nachdem, ob Sie sich für die den Einsatz eines Holzspalters, einer Wippkreissäge oder Ihrer Motorsäge entscheiden oder es vorziehen, mit Spaltkeil, Handsäge und Axt zu arbeiten.

Holzspalter mit Motorantrieb

Spalter als Anbaugeräte für landwirtschaftliche Schlepper überlassen wir aus oben genannten Gründen den Profis. Elektrobetriebene Spalter hingegen, die kurzes Holz, aber auch Meterrundlinge verarbeiten können, sind durchaus eine Option, um den Arbeitsaufwand in Grenzen zu halten, wenn regelmäßig größere Mengen Holz anfallen. Ab wann sich die Anschaffung lohnt, hängt von Ihrem Zeiteinsatz und Ihrer Leistungsfähigkeit beim Brennholzmachen ab. Lassen Sie sich vorab im landwirtschaftlich-forstbetrieblichen Fachhandel beraten.

Meterrundlinge von Hand spalten

Zudem gibt es die sportliche Methode mit Motorsäge, Spalt- oder Vorschlaghammer und Spaltkeil.

(1) Bereiten Sie einen Rundling vor, der als Querlager dient. Darauf legen Sie einige zu spaltende Meterrundlingen nebeneinander aus. Nun sägen Sie in ein Ende jedes Rundlings mit der Kettensäge einen langen tiefen Schlitz.
(2) Stecken Sie den Spaltkeil knapp unterhalb des Querlagers in den Schlitz und klopfen Sie ihn mit leichten Schlägen fest, bis er von selbst hält. Dann treiben Sie ihn mit dem Spalthammer weiter ein, bis der Rundling der Länge nach aufspringt. Auf dem Bild kommt ein Aluminiumkeil zum Einsatz, der mit dem stählernen Axtkopf eingeschlagen werden darf. Stahlkeile verwenden Sie nur mit Spalthammer mit Polymer-Schlagfläche.

Sägen der Rundlinge auf Ofenlänge

Die vermutlich einfachste und praktikabelste Vorgehensweise zur Brennholzgewinnung – zumindest für die meisten von uns – ist es, die Rundlinge zuerst auf die gewünschte Länge zuzusägen und die kurzen Stücke erst im Anschluss zu spalten.

Bei größeren Mengen Brennholz wird heute dabei niemand mehr mit einer Handsäge hantieren. Unsere modernen Sägen haben einen Benzin- oder Elektromotor, und Sägekette oder Sägeblatt bewegen sich mit rasender Geschwindigkeit – damit geht die ganze Sache bedeutend leichter und schneller, wird aber auch gefährlicher. Bei der Arbeit mit Maschinen sollten Sie daher immer ein paar grundlegende Regeln beachten.

Sicherheit beginnt mit der Wahl des richtigen Werkzeuges, wie folgende Geschichte eindrücklich zeigt: Bei einer Veranstaltung traf ich einen alten Försterkollegen, den ich schon lange nicht mehr gesehen hatte. Wir saßen am Wirtshaustisch zusammen, und irgendwann fiel mein Blick auf seine rechte Hand, und ich stutzte: Der Ringfinger war ein Glied kürzer als die anderen, was bei unserem letzten Treffen noch nicht der Fall war. Er erzählte, dass er an der offenen Kreissäge Brennholz verarbeitet hatte, als er plötzlich ein abgeschnittenes Fingerglied auf dem Tisch entdeckte. Er schaute auf seine Hand und sah, dass sie blutete und dem Ringfinger ein Stück fehlte. Er hatte keinerlei Schmerzen gespürt. Die Moral von der Geschichte? Die offene Kreissäge ist megaout.

Für größeren Holzanfall eignet sich die Wippkreissäge. Allerdings benötigt sie Platz und einen Starkstromanschluss.

Für größere Holzmengen: die Wippkreissäge

Wenn Sie an einer elektrischen Kreissäge Brennholz machen wollen, dann verwenden Sie eine Wippkreissäge. Dabei wird das Holz in die Wippe eingelegt und zum laufenden Sägeblatt geführt. Die Arbeitsplattform schließt sich dabei so weit, dass man nicht ins Sägeblatt greifen kann. So eine Säge gehört zum Standard, wenn man einen größeren Holzanfall bewältigen will.

Die Wippkreissäge hat aber auch Nachteile: Neben einem trockenen, überdachten Stellplatz benötigt man für den Betrieb einen Starkstromanschluss, und die Inbetriebnahme ist zeitaufwendig – schließlich kann man so ein Gerät nicht einfach zusammenklappen und in die Ecke stellen.

Außerdem arbeitet man im Idealfall zu zweit, um eine Wippkreissäge ergonomisch bedienen zu können: Der eine lädt die Holzstücke auf den

Schneidetisch, der andere bedient die Wippe. Ich selbst habe meine Wippkreissäge tatsächlich wieder verkauft: Ich brauche nur rund fünf Ster Holz für den Winter und schneide auch nicht alles auf einmal; dazu kommt, dass ich manchmal zwischendurch einen einzelnen Baum bekomme, den ich dann zu Kleinholz verarbeiten möchte – da lohnt sich es sich nicht, die Wippkreissäge jedes Mal auf- und abzubauen.

Für den Fall, dass es Ihnen ähnlich geht, möchte ich Ihnen ein paar Alternativen vorstellen.

Ideal für jedermann: Sägebock für Hand- und Motorsägen

Holzmengen von wenigen Ster lassen sich recht bequem mit der Motorsäge zerlegen. Einzelstücke kann man auch mal mit einer Handsäge ablängen, aber das macht schon nach wenigen Stücke keinen richtigen Spaß mehr. Voraussetzung für beide Vorgehensweisen ist, dass Ihnen ein vernünftiger Sägebock zur Verfügung steht.

Es gibt sehr günstige zusammenlegbare Ausführungen aus Metall, die durchaus ihren Dienst tun – allerdings muss man höllisch aufpassen, dass man sie nicht mit der laufenden Sägekette berührt. Deren Zähne sind dann nämlich nicht nur stumpf, sondern in der Regel gar nicht mehr zu gebrauchen. Daher ist für unsere Zwecke beispielsweise der sogenannte Gillitzer-Bock die bessere Alternative. Er besteht, ökologisch vorbildlich, gänzlich aus Holz, hat also auch keine Verbindungsteile aus Metall und trägt das KWF-Gütesiegel (Kuratorium für Wald und Forstwirtschaft).

In wenigen Sekunden ist er in zwei handliche und transportierfähige Teile zerlegt und ebenso schnell wieder aufgebaut. Im zerlegten Zustand misst er exakt 82 × 55 × 12 Zentimeter – damit passt er in jeden Kofferraum, sodass man das Holz auch gleich im Wald in kleine Stücke sägen kann.

Auch bei der Arbeit mit der Motorsäge am Sägebock darf die Schutzausrüstung nicht fehlen.

Der Gillitzer-Bock ist für den handlichen Transport aus zwei präzise gefertigten Einzelrahmen zusammengesetzt.

Der Bock ist so konzipiert, dass der Krallenanschlag der Motorsäge bequem auf die zu schneidenden Hölzern zufassen kann. Die selbsterklärende Längeneinteilung ermöglicht es, einen Meter lange Rundlinge oder Spältlinge wahlweise in 33 oder 25 Zentimeter lange Stücke zu schneiden. Sollte man tatsächlich einmal mit der laufenden Kette die Bockkonstruktion berühren, hätte diese zwar eine unschöne Scharte, aber die Sägekette bliebe unbeschädigt. Entspanntes Arbeiten ist also garantiert. Der Wermutstropfen: Der wirklich schöne Sägebock ist etwas teurer als die meisten Metallausführungen dieser Größe.

Sammelböcke bzw. Sägekästen

Eine weitere Möglichkeit, um Rundlinge auf Ofenlänge zu kürzen, sind die im Handel erhältlichen Metallsammelböcke – oder »Sägekästen«, wie ich sie nenne. Sie nehmen mehrere Riegel oder Spältlinge auf, die dann mit wenigen Schnitten der Motor- oder Elektrokettensäge in kleine Abschnitte zerlegt werden.

Auf keinen Fall darf die Kette beim Sägen das Metallgestänge des Sägekastens berühren.

Bei metallenen Sägekästen muss man wie bei Sägeböcken aus Metall höllisch aufpassen, dass man nicht mit der laufenden Säge darankommt. Die Kette braucht dann mindestens einen neuen Schliff, im schlimmsten Fall ist sie kaputt.

Eine Alternative zu den Sammelböcken aus Metall habe ich in Südschweden entdeckt: den hölzernen Sägekasten. Als ich meinen Freund Kenneth, der in der Provinz Blekinge zu Hause ist, besuchte, war sein Nachbar gerade dabei, seinen Wintervorrat an Birkenbrennholz aufzuarbeiten. Mit seinem Sägekasten waren dafür nur wenige Schnitte mit der Motorsäge notwendig, und schon hatte er eine ganze Menge längerer Rundlinge in kurze spaltbare Stücke zerlegt – so einfach wie genial. Für mich stand sofort fest, dass ich mich nach meiner Rückkehr an einen Nachbau machen würde.
Eine Bauanleitung finden Sie auf Seite 82.

Arbeiten mit dem Sägekasten

Mit so einem Sägekasten können Sie fast fließbandmäßig arbeiten: Das Befüllen dauert abhängig vom vorhandenen Material knappe fünf bis zehn Minuten. Sind die Hölzer exakt auf einen Meter abgelängt, fasst bei meinem Modell eine Füllung rechnerisch 0,4 Raummeter. Es macht aber auch nichts, wenn Rundlinge in etwas unterschiedlichen Längen, wie sie im Wald manchmal anfallen, beidseitig ein wenig überstehen. In die Höhe stapeln sollte man das Holz aus Sicherheitsgründen nur so weit, dass man die Motorsäge allerhöchstens bis auf Brusthöhe anheben muss. Weil frisches Holz ziemlich schwer ist, füllen Sie starke Rundlinge weiter unten ein. Arbeiten Sie mit der Packzange, um Ihren Rücken zu schonen (siehe Seite 71). Nach oben kommen die schwächeren Hölzer.

TIPP

Tipp für gute Nachbarschaft

Eine leistungsstarke Elektrokettensäge (ab 2,0 kW) ist auf dem heimischen Holzplatz die bessere, weil geräuschärmere Option als die bezinbetriebene Motorsäge. Sie brauchen dann natürlich einen Stromanschluss in der Nähe. Die Nachbarn werden es Ihnen danken.

Die unterste Lage besteht ebenfalls aus schwächeren Rundlingen und dient erst einmal nur als Auflage für die darüber liegenden Stücke und wird nicht durchgeschnitten, sonst fällt der ganze Stapel in sich zusammen. Damit sie besser auffallen, kennzeichne ich diese Hölzer gerne mit rotem Farbspray. Natürlich schneidet man immer ein wenig in sie hinein, und irgendwann müssen diese Pufferstücke gegen neues Material ausgetauscht werden.

Beim Sägen beginne ich mit den Überständen – die Endstücke fallen zu Boden, aber die anderen Stücke bleiben erst einmal im Kasten liegen, was die weitere Arbeit erheblich erleichtert. Dann führe ich die Motorsäge zwischen den Stützen gerade nach unten und säge den Inhalt des Sägekastens von beiden Seiten durch, und schon habe ich die Rundlinge auf die gewünschte Länge gebracht. Die gesamte Prozedur nimmt nur wenige Minuten in Anspruch. Im nächsten Schritt kann ich die kurzen Hölzer direkt vom Sägekasten entnehmen und auf einem nebenstehenden Hackstock spalten. Auch fertig gespaltenes Birkenholz in Meterlänge, das ich zusätzlich zu meinem selbst im Wald gemachten »runden« Brennholz kaufe, schneide ich im Sägekasten auf Ofenlänge. Fallen die Scheite doch noch zu grob aus, werden auch sie noch weiter zerkleinert. Passt die Stärke, kommen sie direkt in den Lagerschuppen zum nächsten Wintervorrat.

① Zuerst kürzen Sie die Überstände an beiden Seiten des Sägekastens.

② Setzen Sie die Motorsäge zwischen den Stützen an und führen Sie sie gerade nach unten.

③ Hier hat das Zielwasser gestimmt: Die beidseitig geführten Schnitte haben sich exakt getroffen.

Holzsägekasten Marke Eigenbau

Der praktische Holzsägekasten lässt sich recht unkompliziert selbst bauen.

Die Abmessungen Ihres Sägekastens hängen natürlich grundsätzlich von der Länge der Stücke ab, die Sie gewinnen wollen. Für unseren Kaminofen benötige ich relativ kurze, etwa 25 Zentimeter lange Stücke. Deswegen habe ich für mein Modell die Maße wie folgt gewählt: Die Gesamtlänge des Bocks beträgt 80 Zentimeter. Einen Meter lange Scheite oder Rundlinge stehen etwas über den Rahmen hinaus. Die Gesamthöhe der seitlichen Stützen liegt bei 130 Zentimetern, die obere Kante der unteren Auflage befindet sich 50 Zentimeter über dem Boden. Wegen der Stabilität verwende ich an den Ecken Kantholz der Stärke 6 × 8 Zentimeter. Die Innenstützen haben nur 6 × 4 Zentimeter – damit gewinnt man etwas mehr Spielraum für die Motorsäge. Die Kanthölzer werden mit jeweils zwei extralangen Schrauben sicher verbunden. Ich habe übrigens korrosionsbeständige Edelstahlschrauben verwendet.

Die maximale Füllhöhe des Sägekastens liegt bei etwa 80 Zentimeter, in der Breite misst der Füllraum genau 50 Zentimeter. Daher kann ich das Holz mit dem 35 Zentimeter langen Schwert meiner Motorsäge von beiden Seiten überlappend einschneiden. Der eine oder andere mag jetzt vielleicht mit dem Gedanken spielen, einen Kasten mit breiterem Füllraum zu bauen und ein längeres Schwert zu montieren, um noch schneller zu arbeiten. Allerdings setzt die Motorleistung der Kettensäge solchen Überlegungen Grenzen: Würde man ein 37er-Schwert durch eines ersetzen, das länger als 40 Zentimeter ist, würde das den Motor bald in die Knie zwingen.

Material- und Werkzeugeinsatz für den Bau eines Holzsägekastens sind überschaubar.

Benötigtes Werkzeug

- Meterstab
- Winkel
- Bleistift
- Japansäge
- Akku-Bohrschrauber
- 4-mm-Bohrer zum Vorbohren
- Torx-Bits in den passenden Größen (T20 und T30)

Material

Kanthölzer 8 × 6 cm für die außenliegenden Stützen bzw. Auflieger:
A. Eckstützen senkrecht: 4 Stück, Länge 130 cm
B. Verbindung zwischen Eckstützen: 2 Stück, Länge 50 cm (waagrecht, Höhe 40 cm über Auflieger)
C. Boden-Auflieger: 2 Stück, Länge 100 cm (stehen seitlich 20 cm über)
Schrauben: 16 Stück, Torx, 4 × 160 mm (je 2 nebeneinander)

Bretter 15 × 2 cm für die Längsverstrebung:
D. Träger für Innenstützen: 4 Stück, Länge 80 cm (waagrecht zwischen den Eckstützen beider Seiten)
Schrauben: 16 Stück, Spax Torx, 4 × 50 mm

Kanthölzer 6 × 4 cm:
E. senkrechte Innenstützen: 4 Stück, Länge 130 cm (werden an **D** angeschraubt)
Schrauben: 16 Stück, Torx, 6 × 160 mm (je eine Schraube genügt)
F. Waagrecht-Verbindung zwischen Innenstützen: 2 Stück, Länge 50 cm
Schrauben: 4 Stück, Spax Torx, 6 × 120 mm

Bauanleitung

Der Zusammenbau des Sägekastens erfolgt von A nach F (siehe Abb.). Begonnen wird mit den beiden gegenüberliegenden Schmalseiten. Diese Seitenteile tragen die Hauptlast und bestehen aus den Kanthölzern A, B und C. Die fertigen Seitenteile werden mit den flachen Brettern D zu einem Grundgerüst verbunden. Dann werden auf jeder langen Seite 2 Innenstützen (E) an die Bretter geschraubt. Zuletzt zieht man zwei Auflagen als »Boden« in den innenliegenden Zwischenraum ein (F).

Individuelle Scheitlängen

Der Abstand der Seitenstützen liegt bei meinem Modell bei 18 Zentimetern. Damit ist der Sägekasten zum Schneiden von etwa 25 und 50 Zentimeter langen Stücken geeignet. Wenn Sie 33 Zentimeter lange Scheite benötigen, müssen Sie die Innenstützen etwas zusammenrücken. Um die optimale Position der Stützen zu finden, markieren Sie auf dem ersten Meter eines Meterstabs Ihr Wunschmaß (25 oder 33 Zentimeter) mit farbigen Klebepunkten und halten ihn dann an das Gestell. Durch Hin- und Herschieben lässt sich die richtige Einteilung gut vornehmen.

Beachten Sie bei der Montage die Reihenfolge der Teile.

Kurzholz spalten

Damit kommen wir zu meinem Lieblingsthema, dem Holzspalten. Für die Verbrennung ist eine Scheitdicke von sieben bis neun Zentimetern ideal. Rundlinge ab einem Durchmesser von zehn Zentimetern sollte man daher einmal spalten.

Wer jedes Jahr größere Mengen Brennholz spaltet, wird sich, wie schon erwähnt, irgendwann die Unterstützung eines hydraulischen Spalters sichern. Kommt man dagegen mit weniger Ster Holz über den Winter und fühlt sich fit genug, dann reicht auch die eigene Muskelkraft aus – vorausgesetzt natürlich, man verwendet das richtige Werkzeug. Bekanntlich macht Brennholz ja gleich drei Mal warm: einmal bei der Gewinnung im Wald, dann beim Kleinmachen und zu guter Letzt beim Heizen des Ofens.

Wenn Sie beim Holzhacken ein paar Grundregeln beachten, geht es überraschend zügig von der Hand.

Frisch spalten

Man sollte Brennholz nach der Ernte zügig klein machen: Erstens ist frisches Holz wegen seines hohen Wassergehalts besser spaltbar. Die nassen Holzfasern lassen sich leichter voneinander lösen, und das Wasser wirkt als Gleitmittel. Zweitens trocknet gespaltenes Holz deutlich schneller als ungespaltenes Rundholz.

Der richtige Hackstock

Ich weiß nicht, ob man es überhaupt erwähnen muss, aber stellen Sie das zu spaltende Holzstück niemals einfach auf dem Boden. Dringt die Axt ganz hindurch – und das wird sie schneller tun, als Ihnen lieb ist –, dann trifft sie auf Stein, Beton oder harte Erden, und die Schneide wird unweigerlich beschädigt. Sie brauchen also einen geeigneten Hack- oder Haustock.

Bei größeren Mengen kommt der elektrische Hydraulikspalter für Kurzholz zum Einsatz.

Waldfrisches Holz lässt sich besonders gut spalten. Der Haustock sollte breit und hoch genug sein.

Die besten Hackstöcke sind aus harter, zäher Eiche und so hoch, dass die Axtschneide möglichst waagrecht auf dem zu spaltenden Holzstück auftrifft und es mit einem Hieb der Länge nach zerlegt. Die optimale Höhe bewegt sich zwischen 50 und 60 Zentimetern und ist abhängig von Ihrer Körpergröße. Halten Sie die Oberfläche des Hackstocks möglichst frei von mineralischem Schmutz wie Sand und Steinchen, denn jedes Körnchen tut der Schneide weh. Wie dieser Schmutz auf den Hackstock kommt? Ganz einfach: Mit jedem Stück Holz, dass vorher auf der Erde gelegen war.

Oft sieht man sehr schmale Stöcke. Das liegt vermutlich daran, dass schmale Baumabschnitte einfacher zu bekommen sind. Schmale Stöcke kippen aber leicht und sind deswegen zum Holzspalten ungeeignet. Machen Sie aus den schmalen Stammstücken lieber Brennholz und legen Sie sich einen Hackstock zu, dessen Haufläche bzw. Kronenbreite einen Durchmesser von etwa 50 bis 60 Zentimeter hat. Stellen Sie ihn auf geradem, möglichst trockenem und standfähigem Untergrund auf. Falls der Hackstock Wind und Wetter ausgesetzt ist, muss seine Oberfläche gegen Regen geschützt werden, sonst dringt mit der Zeit Wasser ins Innere des Holzes und beschert Ihrem Hackstock ein kurzes Leben. Das betrifft auch den Stockfuß, denn auch die Bodenfeuchtigkeit zieht nach oben ins Holz. Stellen Sie den Stock, wenn er im Freien steht, daher auf soliden Beton- oder Steinplatten auf, von denen das Wasser ablaufen kann. Wenn Sie viel am Hackstock stehen, schätzen Sie aber vielleicht selbst eine Überdachung.

Die richtige Axt

Immer wieder kann man beobachten, dass manche Leute zum Holzspalten eine schmalblättrige Forstaxt verwenden – und das, obwohl diese fast bei jedem Hieb im Holz stecken bleibt. Oft hebt der Axtführer dann das eingeklemmte Werkzeug mitsamt dem Holzstück über den Kopf, dreht sie dort um und lässt die Axt mit der Rückseite, dem Axtnacken, voraus auf den Stock sausen. Dieses Vorgehen ist hochriskant, denn der Rundling kann sich beim Hochheben von der Axt lösen. Sollte er das genau über dem Kopf des Axtführers tun, dann gibt es mindestens eine ordentliche Beule. Zudem kann das Holz beim Auftreffen auf dem Hackstock unkontrolliert durch die Gegend springen. Und selbst wenn es klappt und sich das Holzstück teilt – meist tut es das erst nach dem zweiten oder dritten Aufschlagen –, ist diese Arbeitsweise alles andere als ergonomisch, da hilft es auch nichts, einen Helm aufzusetzen.

Dem schmalen Blatt der Forstaxt fehlt ganz einfach die seitlich wirkende Spreizkraft. Für das Spalten von Holz brauchen Sie eine solide Spaltaxt, möglicherweise sogar einen Spalthammer, der noch mehr Wucht hat. Der im Vergleich zur Forstaxt breitere, etwas stumpfwinkligere Kopf treibt die Holzfasern effektiv auseinander. Sollte er einmal nicht auf den ersten Hieb durch das Spaltstück dringen, klemmt sich der Stahl wegen des stumpfe-

Dieser Hackstock steht seit über zehn Jahren draußen und ist dank der Abdeckung immer noch einsatzbereit.

TIPP

Rasiermesserscharf?

Spaltäxte und -hämmer dringen mit der Wucht ihres niederfallenden Gewichts in das Holz ein und spreizen es durch den stumpfen Blattwinkel auseinander. Sie müssen nicht rasiermesserscharf sein, aber man sollte die Schneide sauber und schartenfrei halten. Wie Sie eine Axt schärfen und mit einem neuen Stiel versehen, erfahren Sie ab der Seite 96.

ren Blattwinkels weniger schnell fest. Und falls das doch einmal vorkommt, dann lässt sich das Blatt ziemlich einfach und ohne die oben erwähnte Überkopfakrobatik wieder zu lösen.

Der Mann und »seine« Axt

Bei der Suche nach der richtigen Spaltaxt und dem Spalthammer hat man die Qual der Wahl: Das Angebot ist groß, und Neulinge sind oft unsicher,

Die Spaltaxt (rechts) hat einen breiteren Kopf als die schmalblättrige Forstaxt (links).

welches Modell denn nun das richtige ist. In der Praxis läuft es jedoch meist so, dass man das Holzmachen irgendwann nicht mehr als Frondienst, sondern als großes Vergnügen empfindet und dann nicht mehr mit einem einzigen Werkzeug zufrieden ist. Mit der Zeit kommt auf diese Weise eine ganze Sammlung unterschiedlicher Äxte und Spalthämmer zusammen.

Es ist, auch wenn das für »Uneingeweihte« wie eine Rechtfertigung für einen ausgeprägten Werkzeugspleen klingen mag, ein wenig wie bei anderen materialintensiven Sportarten – und genau als das betrachte ich das häusliche Holzmachen durchaus: als eine sportive Betätigung an der frischen Luft, an der der gesamte Bewegungsapparat beteiligt ist. Und so, wie der Golfer ein komplettes Set an speziellen Schlägern benötigt, der ambitionierte Schifahrer verschiedene Bretter für Pulver-, Nass- und Tiefschnee nutzt, und der leidenschaftliche Radsportler mehrere Modelle in der Garage stehen hat, stehen bei mir inzwischen mehrere Spaltäxte und Spalthämmer diverser Hersteller im Werkzeugraum. Die Anzahl ist sicher übertrieben, aber mir macht der Umgang damit Spaß und ich verwende sie tatsächlich abwechselnd, da jedes Modell so seine Vorteile mitbringt. Die mit einem stabilen Fiberglasstiel ausgerüsteten modernen und sehr funktional wirkenden Äxte, zeichnen sich zum Beispiel durch ihr geringes Gewicht aus. Dazu kommt ein gewisser Kultstatus bei schönen handgeschmiedeten Exemplaren des einen oder anderen skandinavischen Herstellers …

Ganz abgesehen von ihren jeweiligen Eigenarten verfügen all diese Äxte prinzipiell über die gleiche Praxistauglichkeit. Wenn wir nun Lifestyle-Aspekte und spezielle Liebhabereien beiseitelassen, bleibt daher die berechtigte Frage: Welches Werkzeug ist essenziell für das Brennholzmachen mit der Hand?

Zur unverzichtbaren Grundausstattung gehören eine normale Spaltaxt mit etwa 70 Zentimeter langem Stiel und einem Kopfgewicht von ca. 2,0 Kilo für das »normale« Holz und ein schwerer Spalthammer mit um die 90 Zentimeter Stiellänge und einem Kopfgewicht bis über 4,0 Kilo für die größeren Herausforderungen wie zum Beispiel starkastige Rundlinge.

Letzteres mag sich recht schwer anhören; aber mit der richtigen Technik lässt sich auch mit dem Spalthammer kräfteschonend arbeiten. Darüber hinaus benötigt man die bereits aufgeführten Accessoires wie Spaltkeile etc. (siehe Seite 72). Mit dieser Ausstattung können Sie alle Arbeiten durchführen. Damit könnten wir das Kapitel »Äxte« eigentlich abschließen – eine recht interessante Axt sollte aber noch erwähnt werden: die finnische »Vipukirves Leveraxe«.

Die »Vipukirves Leveraxe«

Im Grunde hat sich der Vorgang des Holzspaltens ja seit der ersten Steinaxt vor ein paar tausend Jahren nicht großartig verändert. Unter den neueren Axtmodellen findet sich trotzdem ein auf den ersten Blick recht ungewöhnliches, das es verdient hat, genauer unter die Lupe genommen zu werden.

Der Finne Heikki Kärnä hat um die Jahrtausendwende nach einer längeren Versuchsphase eine recht avantgardistisch aussehende Axtform vorgestellt, die tatsächlich etwas anders arbeitet als die bisherigen Varianten. Die aktuelle Version der »Vipukirves Leveraxe« liegt leicht in der Hand und ist sehr sicher zu handhaben. Im Praxisvergleich mit der traditionellen Spaltaxt gewinnt man tatsächlich den Eindruck, dass sich das Holz damit schneller und mit weniger Kraftaufwand spalten lässt.

Der rot lackierte Axtkopf ist weniger massiv und hat einen auffällige Form: Auf einer Seite schlägt er nahe des Öhrs eine Art Haken und hat eine wellenförmige Kante knapp über der Schneide. Sie sorgt dafür, dass die Schneide beim Auftreffen nur wenige Zentimeter tief ins Holz eindringt und dann der Axtkopf unter dem Impuls des Schlages und verstärkt durch den asymetrischen Kopf nach links kippt und auf dem Holz zu liegen kommt.

Kleinholzmacher

Ein alter Autoreifen wird mit drei bis vier seitlich am Hackstock angeschraubten Brettern oder Latten fixiert und gibt dem Spaltholz seitlichen Halt (siehe auch Bild auf Seite 92). Der Reifen liegt unverrückbar in diesem Rahmen, kann aber zum Säubern der Grundfläche problemlos entfernt werden. Auf einen breiten stabil stehenden Stock achten. Der braucht in diesem Fall aber nicht aus Eiche zu sein, da die Axtschneide eigentlich nie bis ganz unten durchschlägt. Die finnische Vipukirves Leveraxe ist ein idealer Partner für diese Variante.

Die innovative »Vipukirves Leveraxe« aus Finnland erfordert eine andere Arbeitsweise als die herkömmliche Spaltaxt.

Es gibt eine Vielzahl von Spaltäxten und -hämmern für verschiedene Einsatzzwecke. Die fast schon zierliche Forstaxt ganz links ist maximal zum Spalten von Kleinholz geeignet.

Fast exotisch wirkt das Design der Vipukirves Leveraxe rechts außen.

Mit der Vipukirves-Axt lassen sich insbesondere größere, aber nicht zu starkastige Rundlinge wirkungsvoll bearbeiten. Der Rundling sollte dabei nicht mittig getroffen, sondern vom Rand her bearbeitet werden. Durch die seitwärts wirkende Hebelkraft des wegkippenden Axtkopfes spalten sich nach und nach kleinere Stücke ab. Allerdings muss man seine Arbeitsweise dem neuartigen Werkzeug anpassen: Während man eine traditionelle Spaltaxt auch nach dem Auftreffen eher fest in der Hand hält (siehe unten), muss man beim Arbeiten mit der Vipukirves-Axt den Griff beim Auftreffen etwas lockern, um der Axt den Spielraum zum Kippen zu geben. Mit ein bisschen Übung hat man den Bogen schnell raus.

Mein Nachbar Heiner, dem ich meine Vipukirves Leveraxe lieh, war so begeistert davon, dass er an einem einzigen Samstag knapp zwei Ster kurze Rundlinge zu Kleinholz verarbeitete und die Spaltstücke gleich noch portionsweise vom mit dem Autoreifen präparierten Hackstock (siehe Seite 87) auf den Transportanhänger verlud. Das Aufrichten des Holzstapels zum Trocknen in seinem Garten verschob er dann allerdings auf einen anderen Tag. Auch wenn es mir ähnlich geht wie Heiner, denke ich, dass die nicht ganz billige Vipukirves-Axt eher etwas für leidenschaftliche Holznerds ist, die auch noch andere Äxte besitzen.

Die richtige Technik

Nach diesem kleinen Exkurs in die Welt der Werkzeuge wenden wir uns wieder einer ganz grundlegenden Angelegenheit zu: der richtigen Technik beim Umgang mit Spaltaxt respektive Spalthammer.

Und so geht es: Stellen Sie das zu spaltende Holzstück auf der Ihnen gegenüberliegenden Seite des Hackstocks ab. Misslingt ein Hieb und gleitet die Axt vom Holz ab, wird sie von der breiten Fläche des

Beim Arbeiten mit der Spaltaxt kommt es auf einen stabilen Stand und die richtige Führung des Werkzeuges an.

Stocks aufgefangen und saust nicht in Richtung Ihrer Beine. Stellen Sie sich mit etwas über hüftbreit gegrätschten Beinen vor den Hackstock.

Als Rechtshänder greift man die Axt oder den Spalthammer beim Anheben mit der linken Führungshand direkt unterhalb des Axtkopfes (Abb. ①). Die rechte Hand befindet sich am Stielfuß. Während Sie nun nach oben ausholen, gleitet die Linke nach unten zur rechten Hand (Abb. ②). Linkshänder verfahren umgekehrt. Dann zieht man die Axt mit leicht angewinkelten Armen abwärts (Abb. ③).

Ihr »Ziel« liegt dabei nicht unbedingt in der Mitte des Rundlings. Bei Holzstücken, deren Durchmesser größer ist als die Länge der Axtschneide, zielen Sie stattdessen auf die zu Ihnen gewandte Seite des Holzstücks, und zwar in den Bereich des außen liegenden Splintholzes. Oft ist auch ein Anfangsriss im Holzstück zu sehen. Trifft man ihn, springt in den meisten Fällen das ganze Stück nach nur einem

Mit einem Handsappie holen Sie sich die kurzen Rundlinge bequem auf den Hackstock.

Hieb auseinander. Wenn Sie stattdessen die Mitte anpeilen, verpufft die Kraft des Axthiebs leicht nach beiden Seiten, und die Axt bleibt stecken, ohne das Holz aufzuspalten.

Zielen Sie nicht in die Mitte, sondern auf den Rand des Rundlings. Dort wirkt die kinetische Energie der Axt am stärksten.

Bewegt man sich mit der Axt in den Händen kreisförmig um den mit Rundlingen gefüllten Autoreifen, lässt sich rasch Spaltholz in unterschiedlichen Stärken erzeugen.

Der Stahlkeil (rechts) darf auf keinen Fall mit der hier gezeigten Axt eingeschlagen werden.

Widerspenstige Stücke zähmen

Astige Holzrundlinge stellen Sie so ab, dass sich die Äste möglichst weit oben befinden. Zielen Sie mit der Axt zwischen die Astwurzeln, damit die kinetische Energie des Axthiebes optimal genutzt wird.

Manche besonders astige und verwachsene Stücke widersetzen sich dem Spalten jedoch hartnäckig. Bevor Sie nun lange versuchen, dieses Stück mit der Axt zu bearbeiten, wäre eigentlich der bessere Schritt, es noch einmal in der Mitte durchzusägen – ein kürzeres Scheit teilt sich leichter. Klappt es trotzdem nicht, kommen ein oder zwei geeignete Drehspaltkeile wie beim Spalten der Meterriegel (siehe Seite 77) zum Einsatz. Treiben Sie sie abwechselnd auf gegenüberliegenden Seiten mit dem Hammer ins Splintholz, bis der Scheit auseinanderspringt. Wie gesagt sind gute Aluminiumkeile (da gibt es durchaus Unterschiede in der Qualität) solchen aus Stahl vorzuziehen, denn hin und wieder sitzt ein Keil in einem groben Holzstück so fest, dass nur noch der Griff zur Motorsäge hilft – und deren Kette übersteht den Kontakt mit einem Stahlkeil nicht. Ein weiterer Grund, weshalb ich persönlich einen guten Aluminiumkeil bevorzuge, ist, dass diese sich besser ins Holz eintreiben lassen und dort auch halten. Stahlkeile springen dagegen gerne beim Draufschlagen wieder zurück. Denken Sie bei Stahlkeilen auch daran, nicht mit einem ebenfalls stählernen Hammerkopf daraufzuschlagen. Auf keinen Fall sollten Sie Ihren guten Spalthammer, selbst wenn er über einen Kunststoffschutz verfügt, als Spaltkeil verwenden und mithilfe einer anderen Axt oder sogar eines Vorschlaghammers eintreiben – egal, wie robust er ihnen vorkommt. Dabei entstehen durch die Schläge Vibrationen im Stiel und lockern ihn im Axtöhr. Glauben Sie mir: Die Anschaffung von ein oder zwei soliden Drehspaltkeilen lohnt sich auf jeden Fall.

Anfeuerholz machen

Anfeuerholz kann man fertig im Baumarkt oder beim Brennstoffhändler kaufen oder selbst machen. – Aber wie? Das Risiko der Selbstverstümmelung ist fast noch höher als beim normalen Holzspalten mit der großen Axt; schließlich man muss die ohnehin schon dünneren Scheite mit einer Hand festhalten, während die andere das Beil führt und mit der Schneide auf eine verflixt kleine Fläche zielt. Das kann für die Finger übel ausgehen ...

Es gibt eine bessere und sicherere Möglichkeit. Dazu wird das Prinzip einfach umgedreht: Die Schneide ist fix und das Holz wird bewegt. Im Internet bin ich in diesem Zusammenhang irgendwann auf den »Kindling Maker« gestoßen, ein formschönes, solide wirkendes, stählernes Modell mit nach oben stehender Schneide. Das hätte ich gerne gekauft, es kam jedoch aus Neuseeland und wurde zum damaligen Zeitpunkt nicht nach Europa geliefert. Auch weitergehende Überlegungen, beispielsweise die, einen geschärften Stahlkeil fest aufzustellen, scheiterten an der soliden Ausführung der Fixierung. Zu guter Letzt kam mir eine Idee, die sicher jeder Hobbyholzmacher nachvollziehen kann, der mit einem Akkuschrauber umgehen kann. Am einfachsten lässt sich das Problem nämlich lösen, indem Sie das ohnehin vorhandene, zum Kleinholzmachen verwendete Handbeil mit der Schneide nach oben auf einer stabilen Unterlage befestigen. Dazu gibt es vielfältige Methoden. Eine davon ist unser »Kleinholzmacher«, dessen Bau ich Ihnen auf der folgenden Seite vorstellen möchte. Wie Sie mit einer auf diese Weise auf dem Hackklotz fixierten Axt arbeiten, erfahren Sie auf Seite 95.

Dieses Vorgehen ist zur Kleinholzgewinnung denkbar ungeeignet – es bringt nur Ihre Finger in Gefahr.

Auch so kann man die Axt auf einer festen Unterlage fixieren.

1

2

3

4

Der »Kleinholzmacher«

Material und Werkzeug ①

- 1 Handbeil
- ca. 10 cm starke Baumscheibe, Durchmesser ca. 30 bis 35 cm oder andere standfeste, robuste Unterlage
- Bleistift und Meterstab
- 4 × Kanthölzer, 60 × 40 mm, Länge 25 cm
- Akku-Schrauberbohrer
- 12 bis 16 SPAX oder Edelstahlschrauben 6 × 100 mm
- Passender Bohrer und Bit

Bauanleitung

- Richten Sie das Handbeil mit nach oben weisender Schneide mittig auf der Baumscheibe aus und stellen Sie zwei Hölzer hochkant daneben ②. Bohren Sie in eines der Hölzer senkrechte Befestigungslöcher vor, um das Reißen des Holzes zu vermeiden. Dann fixieren Sie das Holz mit zwei Schrauben auf der Unterlage. Zur Befestigung des zweiten Kantholzes am ersten werden die Schrauben später waagrecht unter dem Axtstiel durchgeführt. Bohren Sie auch diese Schraubenlöcher vor.
- Richten Sie das Beil so aus, dass die Schneide nach oben gerichtet ist. Dann klemmen Sie den Stiel ein, indem Sie die Querschrauben bis ins gegenüberliegende Holz durchstecken ③. Ziehen Sie die Schrauben nicht zu fest an, auch das zweite Kantholz soll gerade stehen. Im Anschluss schrauben Sie auch dieses Holz von oben auf der Unterlage fest.
- Befestigen Sie die zwei übrigen Kanthölzer auf den unteren. Danach führen Sie zwei bis drei Querschrauben über den Axtstiel durch und ziehen sie vorsichtig fest ④. Das Beil soll fest eingeklemmt sein, aber trotzdem jederzeit zur gewohnten Verwendung entnommen werden können. Ist dies für Sie eher zweitrangig, können Sie die Schrauben natürlich auch direkt durch den Stiel führen.

Kleinholz herstellen

Zum Arbeiten stellen Sie den »Kleinholzmacher« auf eine solide Basis, zum Beispiel einen genügend breiten Hackstock. Achten Sie auf eine bequeme Arbeitshöhe. Stellen Sie das zu spaltende Stück senkrecht auf die Axtschneide und schlagen Sie mit einem schweren Gummihammer (ca. 1,5 kg, für 10 bis 15 Euro im Baumarkt erhältlich) von oben darauf. Ein Metallhammer oder -fäustel mit entsprechendem Gewicht ginge auch, beide haben aber einen Nachteil: Schlägt man bei der Bearbeitung kürzerer Hölzer versehentlich auf die Axtschneide, wird diese beschädigt. Mit dem Gummihammer kann das nicht passieren – und sollte man mit ihm einmal die Finger touchieren, ist der Schaden auch nicht so groß.

Zum Herstellen von Anmachholz verwendet man nur möglichst astfreie Stücke, die nicht dicker sind als eine Männerfaust. Stellen Sie einen ausreichend großen Korb neben dem Hackstock auf, denn mit Ihrer neugebauten Vorrichtung werden Sie mit dem Kleinholzmachen gar nicht mehr aufhören wollen.

Der »Kleinholzmacher« im Einsatz. Damit macht das Spalten von Kleinholz so richtig Spaß. Arbeitsschutzhandschuhe sollte man aber trotzdem tragen.

Äxte instand halten

Natürlich gehört zum Brennholzmachen auch das Instandhalten der Werkzeuge. Auf den folgenden Seiten erfahren Sie, wie Sie den Stiel einer Axt austauschen, einen rostig gewordenen Axtkopf reinigen und die Schneide schärfen. Die Kurzanleitungen sind auch für die Restaurierung alter Äxte geeignet, die Sie aus einem jahre- oder vielleicht sogar jahrzehntelangen Dornröschenschlaf in einem feuchten Gerätekeller, Gartenschuppen oder einem spinnwebenverhangenen Speicher erwecken möchten. Auch wenn der Axtkopf mit Rost überzogen ist: Wenn der Stahl unter der Patina noch gut ist, steht der Wiederbelebung nichts im Weg. Aber vorab ein Wort der Warnung: Wer einmal damit anfängt, alte Äxte und Beile zu verjüngen, infiziert sich schnell mit einem neuen »Hobbyvirus«.

Den Axtkopf reinigen

- Klemmen Sie den Axtkopf in einen Schraubstock. Treiben Sie den alten Stiel mit Hammer und Durchschlageisen aus. Gegebenenfalls müssen Sie ihn dazu absägen und den Rest von der Stielseite aus herausschlagen.
- Entfernen Sie den stärksten Rost sorgfältig mit einer Bohrmaschine und rotierendem Schleifteller mit 60er- bis 80er-Körnung. Danach verleiht der runde Drahtbürsteneinsatz der Stahloberfläche ein mattglänzende, feine Oberfläche. Möglicherweise kommt dabei auch ein schönes altes Herstellerzeichen zum Vorschein.
- Ölen Sie den blank geriebenen Stahl leicht ein, um ihn vor neuem Rostanflug zu schützen.

Rundumkur: Es macht großen Spaß, alte Beile und Äxte wieder gebrauchsfähig zu machen und sie in neuem Glanz erstrahlen zu lassen.

Der Stiel wird bei der Restaurierung einer alten Axt gleich zu Anfang entfernt.

Mithilfe von Bohrmaschine, Schleifteller und Drahtrundbürste wird der Rost entfernt.

Oft sind auf den Köpfen alter Äxte und Beile sehr schöne Herstellerzeichen eingeschlagen, die nach der Reinigung wieder zum Vorschein kommen.

Das Kopfende des Stiels wird mit einer Holzraspel an das »Auge« der Axt angepasst.

Ein von oben eingetriebener Hartholzkeil schützt den Axtkopf davor, sich vom Stiel zu lösen.

Neu einstielen

Als »Brennholzmacher« sollte man unbedingt wissen, wie man eine Axt neu einstielt. Die Hinweise zum Wechsel des Stiels gelten sowohl für alte Exemplare mit maroden und wurmstichigen Stielen wie für die aktuell in Benutzung befindliche Axt, deren Stiel – aus welchen Gründen auch immer – beschädigt oder abgebrochen ist.

Erste Wahl für einen neuen Stiel ist das sehr zähe und strapazierfähige amerikanische Hickory-Holz. Alternativ können Sie Esche oder Eukalyptus verwenden – sie sind etwas preisgünstiger, aber ebenfalls sehr widerstandsfähig. Auf Markenstielen ist in der Regel angegeben, für welches Kopfgewicht die jeweilige Ausführung, Größe und Länge gedacht ist, zum Beispiel für Axtköpfe mit einem Gewicht von 600, 800 oder 2500 Gramm. Der Längseinschnitt am oberen Ende des Stiels dient dem Verkeilen. Umso trockener das Holz des Stiels beim Einsetzen ist, umso fester wird er später im Axtkopf sitzen.

- Bearbeiten Sie das Kopfende des Stiels passgenau mit einer Holzraspel, bis er sich mit etwas Mühe ein Stückweit ins Axtöhr – man spricht auch vom »Auge« – hineindrücken lässt. Der am Stielende eingeschnittene Längsschlitz darf beim Hineintreiben in das Axtauge nicht zusammengedrückt werden, andernfalls wäre das Einschlagen des Keils nicht mehr möglich, das den Stiel vor dem Herausfallen sichert.
- Stellen Sie den Axtkopf so auf eine stabile Unterlage, zum Beispiel einen Hackstock, dass das Axtauge zugänglich ist. Klopfen Sie das vorbereitete Stielende mit einem Hammer so weit ein, dass es auf der anderen Seite einige Millimeter (fünf bis zehn) aus dem Auge herausragt. Dazu müssen Sie die Axt gegebenenfalls umdrehen und den Kopf mit dem Hammer vorsichtig weiter auf den Stiel treiben.

- Drehen Sie die Axt spätestens jetzt um und stellen Sie das untere Stielende auf den Hackstock. Geben Sie etwas wasserfesten Holzleim in den Spalt im Hirnholz des Stiels und schlagen Sie mit einem schweren Hammer oder einem Fäustel einen passenden Hartholzkeil ein. Das überstehende Stielende wird sich geringfügig pilzförmig auseinanderspreizen. Das schützt den Axtkopf im Einsatz zuverlässig dagegen, sich vom Stiel zu lösen. Lässt sich der Keil nicht vollständig eintreiben, dann wird der überstehende Teil bündig abgesägt. Im Hinblick auf die Verwendung des Holzleims gehen die Meinungen auseinander: Manche sagen, der Leim würde nicht zur Festigkeit beitragen, sondern eher das Gegenteil bewirken. Ich habe das noch nie festgestellt.
- Auch lässt sich der Holzkeil durch den Gleiteffekt besser eintreiben.
- Ein passender Metallkeil dient der abschließenden Sicherung. Flache Metallkeile platzieren Sie quer oder schräg zum Hartholzkeil, Ringkeile mittig. Bei schweren Spaltäxten werden mehrere Keile gesetzt. Metallkeile werden ohne vorgesägten Schlitz eingeschlagen – gehen Sie auch hier nicht gewaltsam vor: Überstände können mit einer Metallsäge angepasst werden.
- Prüfen Sie vor der Verwendung unbedingt, ob der Axtkopf sicher auf dem Stiel sitzt.

Nach dem Hartholzkeil wird zur abschließenden Sicherung noch ein Metallkeil eingesetzt.

Finish

Ölen Sie einen rohen Holzstiel zum Schutz gegen Schmutz und Feuchtigkeit leicht ein. Dadurch wird auch die natürliche Maserung des Holzes hervorgehoben. Neben handelsüblichem Holzöl eignet sich hierfür auch Walnussöl sehr gut.

- Tragen Sie das Öl mit einem Pinsel auf.
- Lassen Sie das Öl gut einziehen und nehmen Sie eventuelle Überschüsse mit einem sauberen Lappen ab.
- Jetzt fehlt nur noch ein frischer Schliff für die Schneide.

Ein Ölauftrag schützt den Stiel vor Schmutz und Feuchtigkeit und betont die Holzmaserung.

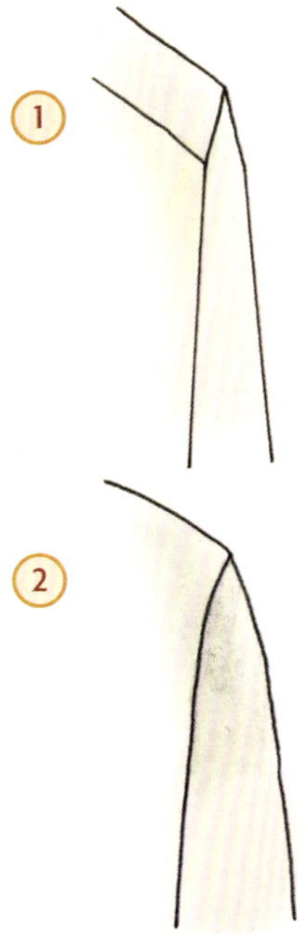

Klingenschliffarten:
1 Flachschliff
2 balliger Schliff

Manche moderne Äxte haben einen Flachschliff, traditionell werden Äxte ballig geschliffen.

Mit einer feinen Flachfeile lassen sich Unebenheiten und Scharten entfernen.

Der richtige Schliff

Der Keilwinkel an den Schneiden von Beilen und Äxten für die Waldarbeit und zum Holzspalten hat traditionell eine »ballige« bzw. konvexe, also nach außen gerundete Form. Einige moderne Äxte sind hingegen flach ausgeschliffen (siehe Grafik).

Irgendwann hat jede Axt einen Abnutzungsgrad erreicht, bei dem sie nachgeschärft werden muss. Wann es so weit ist, kann man feststellen, indem man die Schneide in Längsrichtung gegen eine Lichtquelle hält. Auf diese Weise werden Scharten und Unebenheiten gut sichtbar. Qualitätsäxte werden oft mit einer Schutzkappe aus Kunststoff oder Leder geliefert, die nur zum Arbeiten abgenommen werden sollte.

Bei Spaltbeilen, -äxten oder -hämmern spielt die Schärfe der Schneiden eine weniger große Rolle als bei Forstäxten, da sie keine Holzfasern durchtrennen, sondern das Holz der Länge nach spalten müssen. Die Schneide selbst berührt das Holz nur sehr kurz. Sobald sie beim Auftreffen in die Hirnfläche des Rundlings eindringt, werden die Fasern vom Druck des nachstoßenden Axtkörpers auseinandergesprengt. Das ist auch der Grund für die spezifische, sich nach hinten verbreiternde Form des Axtkopfes.

Dennoch sollte man die Schneide wie beschrieben pflegen und sie schleifen, sobald Scharten zu sehen sind oder sie stumpf werden. Denn mit solchen Abnutzungserscheinungen verhält es sich wie mit Schlaglöchern in einer Straße: Ohne eine baldige Reparatur werden sie stetig größer.

Grund- und Feinschliff

- Der erste Grundschliff zum Glätten der gröbsten Scharten erfolgt mit einer Flachfeile. Dazu wird der Axtkopf in einen soliden Schraubstock eingespannt. Sollten deutliche Ausbrüche im Metall vorhanden sein, wird durch Aufsetzen der Feile im 90-Grad-Winkel so viel Material abgetragen, bis die Fehlstellen verschwunden sind.

- Die Schneide ist nun erst einmal absolut stumpf. Durch schräges Ansetzen der Feile und laufende Anpassung des Schärfwinkels wird sie wieder in die Ursprungsform – ballig oder flach – gebracht.
- Durch nachfolgenden Einsatz einer feineren Feile und mit einiger Geduld kann bereits eine beachtliche Schärfe erreicht werden, die sich mit einem Wetzstein – auch ein gewöhnlicher Sensenwetzstein ist geeignet – perfektionieren lässt.

Mit Strom geht es schneller, aber nicht jede Maschine ist geeignet. Hände weg vom Winkelschleifer! Seine mit rasender Geschwindigkeit rotierende Scheibe arbeitet zu ungenau und würde das Metall überhitzen. Wenn die Schneide sich blau verfärbt, ist es zu spät – dann hat das Metall bereits seine Härte eingebüßt. Ein langsamer laufendes Bandschleifgerät mit einem Schleifband in 80er- bis 120er-Körnung ist die bessere Wahl: Gegen die Laufrichtung lässt sich der Schleifwinkel mit der Hand relativ gut einhalten, außerdem entsteht an der Schneide kein Metallgrat.

Abziehen

Abschließend zieht man die Schneide noch auf einem feinen Schleifstein ab, um den beim Schärfen entstandene Metallgrat zu entfernen und die Oberfläche zu glätten. Das ist insbesondere bei schmalblättrigen Forstäxten wichtig, die zum Entasten benutzt werden. Ich selbst verwende zum Abziehen weißen Marmorbruch vom Abfallhaufen eines italienischen Steinmetzbetriebes. Liebhaber schwören auf den besonders feinen »Belgischen Brocken«. Allerdings sollten Sie die Kirche im Dorf lassen: Schließlich muss man sich mit einer Axtschneide nicht rasieren können, auch wenn das in der einen oder anderen Schärfanleitung so dargestellt wird.

Das Bandschleifgerät ist ein gutes Hilfsmittel zum zeitsparenden Schärfen von Beilen und Äxten.

Durch das Abziehen auf einem feinen Schleifstein wird der beim Schärfen entstandene Grad entfernt.

Lagern und Trocknen

Damit Holz gut verbrennt mit einer hohen Wäremausbeute und möglichst schadstoffarm –, muss es den richtigen Trockengrad haben. In diesem Kapitel geht es darum, in welcher Form und an welchen Standorten Sie Ihr Brennholz am besten lagern und wie Sie es aufschichten, um das zu gewährleisten.

Brennholz trocknen

Brennholztrocknung ist keine Zauberei, aber einige grundlegende Dinge sollte man beachten. Wenn Sie wissen, wie der Trockenvorgang abläuft und wie lange er dauert, welchen Wassergehalt Brennholz idealerweise hat und wie lange Sie es maximal lagern sollten, sind Sie auf der sicheren Seite.

Was heißt »trockenes Holz«?

Vor einigen Jahren hörte ich einen privaten Brennholzverkäufer sagen: »Wenn das Holz nicht ganz trocken ist, dann brennt es im Ofen länger.« Er hatte im März Holz geschlagen und es im Oktober desselben Jahres als »trockenes« Brennholz verkauft. Wie ich weiß, hat er in der Folgezeit Kunden verloren, weil diese mit seinen Produkten nicht so recht glücklich wurden. Er hat allerdings nie verstanden, warum das so war. Es ist eine alte Binsenweisheit im Handelsgeschäft: Kunden geben dem Verkäufer in den wenigsten Fällen eine direkte Rückmeldung. Stattdessen bleiben sie einfach weg, wenn sie unzufrieden sind.

Es führt kein Weg daran vorbei: Um richtig zu brennen, muss Holz trocken sein. Waldfrisches Holz hat einen relativ hohen Wassergehalt von 40 bis 60 Prozent. Würde man versuchen, es in diesem Zustand zu verheizen, würde es allenfalls schwelen – das enthaltene Wasser muss im Ofen erst auf Siedetemperatur erwärmt werden und verdampft dann, wobei es entsprechend stark qualmt. Die für diesen Vorgang nötige Energie fehlt dann bei der Wärmeproduktion (Details siehe Kapitel »Technische Fakten« ab Seite 123). Daher muss der Wassergehalt nach dem Schlagen noch drastisch reduziert werden.

Holz mit dem richtigen Trockengrad brennt dagegen optimal ab, es entwickeln sich weniger Emissionen, und der Kamin bleibt frei von aggressiven Ablagerungen. Aber man muss den Begriff »trocken« ein wenig relativieren: Absolut trockenes Holz – man bezeichnet es als »darrtrocken« – würde ebenso wenig optimal verbrennen. Die gute Nachricht ist: Während man Holz nur in speziellen Trocknungsanlagen darrtrocken bekommt, reicht Trocknen an der Luft aus, um gutes Brennholz zu bekommen.

Weil Holz hygroskopisch ist – das heißt, dass es eine bestimmte Menge Feuchtigkeit aus der Umgebungsluft aufnimmt –, kann man es nur bis zu einer gewissen Untergrenze an der Luft trocknen. Und selbst darrtrockenes Holz würde an der Luft mit der Zeit wieder Feuchtigkeit aufnehmen.

Damit wären wir bei zwei Begriffen, die gerne durcheinandergeworfen werden: Einerseits spricht man vom »Wassergehalt« von Holz, aber andererseits auch von der »Holzfeuchte«. Es handelt sich dabei um zwei unterschiedliche Dinge, und weil die Berechnungsgrundlage nicht dieselbe ist, weichen auch die Werte für Wassergehalt und Holzfeuchte voneinander ab. Das mag zunächst ein wenig verwirrend klingen, es lässt sich aber relativ einfach erklären.

In diesem gut belüfteten Holzstapel kann die Luft auch unter der Abdeckung problemlos durchziehen und das Holz trocknen.

Wassergehalt und Holzfeuchte

Um den Wassergehalt und die Holzfeuchte eines Scheits festzustellen, müssten Sie folgendermaßen vorgehen: Spalten Sie ein waldfrisches Probescheit in kleine Späne und wiegen Sie einen Teil aus dem Inneren des Holzstückes auf einer genau arbeitenden Küchenwaage. Dann trocknen Sie die Holzstückchen bei etwa 100 Grad Celsius im Backofen so lange, bis sich das Gewicht nicht mehr verändert. Jetzt können wir davon ausgehen, dass das Holz absolut trocken (»darrtrocken«) ist und so gut wie kein Wasser mehr enthält. Wenn Sie das Holz jetzt erneut wiegen und vergleichen, um wie viel Gramm sich das Gewicht durch das Trocknen verändert hat, erhalten Sie die Masse des ursprünglich enthaltenen Wassers.

Wenn Sie diese Wassermenge durch das Gewicht des getrockneten Holzes dividieren und das Ergebnis mit 100 multiplizieren, erhalten Sie die Angabe der **Holzfeuchte (HF)** in Prozent. Den Wassergehalt (WG) stellen Sie hingegen fest, indem Sie die Wassermenge auf das Gesamtgewicht des frischen Holzes vor dem Trocknen beziehen.

Vielleicht wird es durch ein Beispiel anschaulicher: Unser Stück Holz wiegt frisch 100 Gramm. Nach dem »Darren« im Ofen bringt es noch 80 Gramm auf die Wage. Es sind also 20 Gramm Wasser verdampft. 20 dividiert durch 80 ergibt 0,25. Multiplizieren wir diesen Wert mit 100, kommen wir auf eine ursprüngliche Holzfeuchte von 25 Prozent.

Beziehen wir die 20 Gramm Wasser hingegen auf die ursprünglichen 100 Gramm Frischgewicht, erhalten wir den ursprünglichen Wassergehalt: Er betrug 20 Prozent.

Genau diese beiden Werte – 25 Prozent Holzfeuchte bzw. 20 Prozent Wassergehalt – sind das obere Limit für Brennholz. Das Stück Scheitholz aus unserem Beispiel wäre für den Ofen gerade eben noch trocken genug gewesen. Alles darüber wäre zu feucht. Die optimalen Trockengrade von Brennholz liegen bei einem Wassergehalt von zehn bis 20 Prozent bzw. bei einer Holzfeuchte zwischen elf und 25 Prozent (siehe Tabelle).

Seit der Novellierung der Kleinfeuerungsverordnung im Jahr 2010 nehmen auch Kaminkehrer die Feuchtigkeit und Natürlichkeit des in der jeweiligen Heizperiode verwendeten Brennholzes vermehrt in den Blick. Ich bitte meinen Kaminkehrer auch dann, wenn er es nicht eingeplant hat, bei einem seiner zwei Kehrbesuche im Jahr das Holz in meinem Schuppen mit seinem Profigerät zu prüfen. Der niedrigste Wert der letzten Jahre lag bei zwölf Prozent Holzfeuchte, der höchste bei 22 Prozent – das Holz war also immer ofenfertig. Sie können sich auch selbst ein Holzfeuchte-Messgerät kaufen. Achten Sie aber auf Qualität – die besseren sind in der Regel nicht ganz billig.

Wassergehalt und Holzfeuchte von Brennholz

WG in %	5	10	15	20	30	35	40	45
HF in %	5	11	18	25	43	54	67	82

Die optimalen Werte für ofenfertiges Brennholz (markiert) liegen bei 10 bis 20 Prozent Wassergehalt bzw. elf bis 25 Prozent Holzfeuchte. (Quelle: Bayerische Landesanstalt für Wald und Forstwirtschaft, LWF aktuell 54/2006 (M. Schardt))

Sinnvolle Vorratshaltung

Als wir unser Haus bauten und wir uns beim Heizen für die Kombination Wärmepunkte und Kaminofen entschieden, bin ich in einen regelrechten Holzmach-Rausch geraten. Zusammen mit meinem Schwiegervater und unserem Sohn Robin verarbeitete ich einen Ster nach dem anderen. Nach einem Jahr hatten wir 17 Raummeter gespaltenes Fichten- und Kiefernbrennholz in ofenlangen Stücken beisammen. Das Problem war, dass wir, wie sich herausstellen sollte, in unserem Niedrigenergie-Holzhaus je Heizperiode nur noch vier bis fünf Ster brauchten. Weil ich jedes Jahr noch zwei Ster Buchen-Hartholz dazukaufte, blieb ein Teil des selbstgemachten Holzes jahrelang liegen. Als wir es dann schließlich verfeuerten, waren manche der Scheite schon sieben Jahre gelagert und fühlten sich schon beim Anfassen eigenartig leicht an. Es brannte ziemlich schnell herunter und schien mir – Einbildung oder nicht – weniger wärmeeffektiv.

Ich muss zugeben, dass meine Vorratshaltung angesichts der großen Menge suboptimal war: Weil ich davon ausgegangen war, dass wir das Holz schnell verbrauchen würden, habe ich es nicht an allen Lagerplätzen so gut abgedeckt, wie es nötig gewesen wäre, und so begann das Holz unter dem Einfluss von Regen und Sonne nach einigen Jahren zu verrotten.

Im Brennholz-Rausch

Ich vermute, dass es vielen passionierten Holzmachern schon einmal ähnlich gegangen ist. Ich kannte einen Waldbesitzer – inzwischen ist er leider verstorben –, der, wann immer es möglich war, im Wald verschwand. Sobald er in seinem eigenen Wald »aufgeräumt« hatte, ließ er vom Förster des benachbarten Stadtwaldes neues Holz zuweisen.

Er konnte nicht annähernd so viel Scheitholz verheizen, wie er produzierte, aber etwas davon zu verkaufen, kam für ihn nicht in Frage. So waren irgendwann weit über 50 Raummeter an diversen Waldrändern »zum Trocknen« aufgestapelt. Einiges war gespalten, das andere ungespalten, und die

Mit handelsüblichen Messgeräten wird in der Regel die Holzfeuchte, nicht der Wassergehalt gemessen.

Haben sich durch zu feuchte Lagerung Baumpilze auf dem Brennholz angesiedelt, ist der Brennwert im Keller.

Die Meterscheite unter Folie auf dem bloßen Waldboden werden wohl nicht gut trocknen.

Lässt man Laubholz wie diese Buchenstämme ungespalten liegen, beginnt es rasch zu verstocken.

Hier hat sich jemand viel Mühe gemacht, aber dann offenbar alles vergessen – oder steckt ein Schicksal dahinter?

ältesten Stapel standen schon ein volles Jahrzehnt dort. Ein Teil davon begann bereits zu zerfallen und war eigentlich nicht mehr zu gebrauchen. Die Moral von der Geschicht: So groß Ihre Liebe zum Brennholzmachen auch sein mag: Hören Sie rechtzeitig auf. Es hat einfach keinen Sinn, den Brennholzvorrat zu groß werden zu lassen. Besser und nachhaltiger ist es, sorgfältig zu planen und immer wieder rechtzeitig frisches Holz zu machen.

Nicht im Ganzen

Die angemessene Größe des Brennholzvorrats ist das eine. Das andere ist die korrekte Aufbereitung für den Trockenvorgang. Muss das Holz denn unbedingt vorher gespalten werden? Kann man es nicht einfach die Rundlinge aufstapeln und dann eben eine etwas längere Trockenzeit einplanen?

Tatsächlich sieht man immer wieder, dass Holzrundlinge zum Trocknen aufgestapelt werden. Bei Nadelholz wie Fichte und Kiefer mag das noch angehen – diese Baumarten haben einen relativ trockenen Kern. Nur im sogenannten Splintholz am Rand des Stammzylinders wird das Wasser von den Wurzeln zur Baumkrone transportiert. Ich spalte frische Nadelhölzer der besseren Trocknung wegen trotzdem so bald wie möglich. Bei Laubhölzern ist das sogar ein absolutes Muss. Die kernlos erscheinenden Buchen, Hainbuchen oder Birken halten im ganzen Stammquerschnitt relativ viel Wasser. Ihr ungespaltenes Rundholz kann dieses Wasser nicht schnell genug abgeben, sodass es zu stocken beginnt und sich mikrobiell zersetzt. Eiche hat einen sichtbaren Kern, schließt aber die Zellen an den Schnittflächen schnell und dauerhaft, sodass die enthaltene Feuchtigkeit nicht mehr austreten kann. Bakterien und Pilze zersetzen die Holzinhaltsstoffe Cellulose und Lignin, was den Brennwert herabsetzt. Zudem verändern diese Organismen die Zellen, das Holz kann auch nach dem späteren Spalten nicht mehr richtig trocknen.

Trocknungsdauer

Fragt man die Besitzer eines Brennholzstapels, wie lange sie das Holz trocknen lassen, hört man oft: »Zwei Jahre muss es schon liegen.« Bei Hartholz, also Eiche und Buche, gehen viele von einer Trocknungsdauer von drei Jahren aus. Tatsache ist, dass es viel schneller geht – vorausgesetzt, man macht alles richtig. Schlägt man im Januar Holz und spaltet es in Stücke mit maximal zehn Zentimeter Durchmesser –, besser noch ein bisschen weniger –, trocknet es in einem korrekt aufgerichteten Stapel innerhalb von neun Monaten. Das heißt, es ist im September fertig, gerade richtig zur beginnenden Heizsituation. Natürlich spricht nichts dagegen, den Vorrat für den übernächsten Winter schon ab Herbst herzurichten. Dann ist man auf der sicheren Seite, falls einem später die Zeit zum Brennholzmachen fehlt.

Rasche Abtrocknung

Wer sein Brennholz bis spätestens um die Jahreswende schlägt, umgehend spaltet und richtig lagert, kann schon im folgenden Winter seine Wärme genießen. Zu den stärksten Wasserverlusten kommt es bei Fichte und Buche im März und April. Im Juli sinkt der Wassergehalt (WG) unter 20 Prozent, was einer Holzfeuchte (HF) von 25 Prozent entspricht. Damit wäre das Holz trocken genug für den Ofen. Das Minimum von etwa 15 Prozent WG bzw. 20 Prozent HF wird im September erreicht, selbst wenn der Stapel nicht abgedeckt wurde. Auf den Winter zu kommt es dann zu einer Wiederbefeuchtung, aber nicht über die für ofenfertiges Holz maßgeblichen 20 Prozent WG hinaus – vorausgesetzt, der Stapel wird jetzt abgedeckt.

Änderung des Wassergehalts frisch geernteter Meterholzscheite

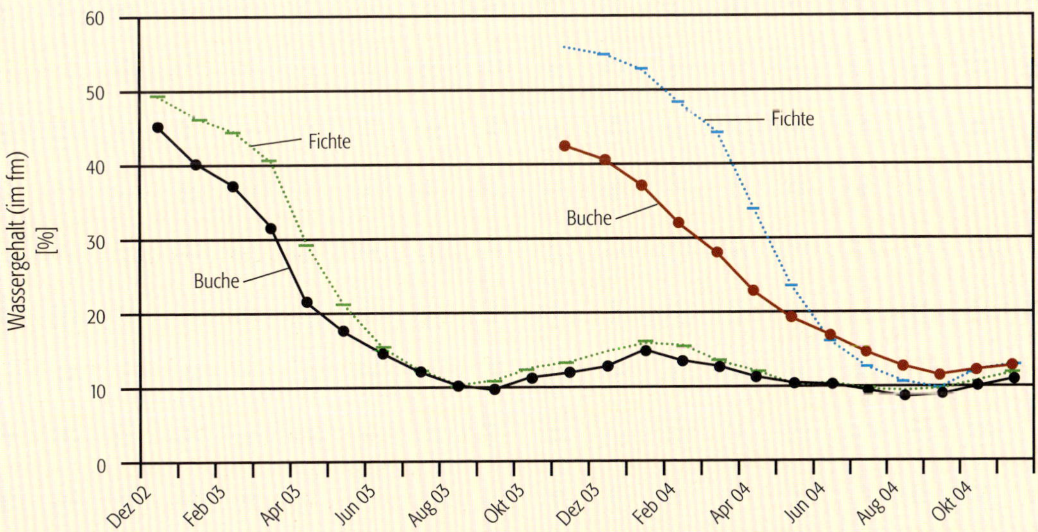

(Quelle: Technologie- und Förderzentrum (TFZ) im Kompetenzzentrum für Nachwachsende Rohstoffe Straubing, 11 Berichte aus dem TFZ, »Rationelle Scheitholzbereitstellungsverfahren«)

Brennholz fachgerecht lagern

Es gibt 1001 Arten, Holz zu lagern. Damit es haltbar bleibt und gut brennt, muss es vor allem gut belüftet sein. Darauf hat neben dem Standort auch die Art, wie Sie es aufstapeln, Einfluss. Der perfekte Brennholzstapel gehorcht aber nicht nur funktionalen Kriterien, sondern sorgt auch schon außerhalb des Ofens für Behaglichkeit, wie die kleine Galerie am Ende dieses Kapitels zeigt.

Der perfekte Stapel

Holz schlichten ist eine äußerst befriedigende Tätigkeit: Man legt Scheit auf Scheit und steht irgendwann vor einem soliden brusthohen und hoffentlich stabilen Stapel. Der Winter kann kommen. So mancher, der früher gern mit Legosteinen gespielt hat, findet als Erwachsener Gefallen am Holzaufstapeln.

Wie sieht ein mustergültiges Brennholzlager aus? Beim Aufsetzen eines Stapels ist die gute Belüftung das A und O – das gilt für die Wahl des Standorts und die Art der Aufstellung ebenso wie für die Stapeltechnik. Denn nur gut getrocknetes Holz ist haltbar und brennt gut.

Idealerweise wird das Holz im ersten Schritt so lange im Freien getrocknet, bis es einen Wassergehalt von unter 20 Prozent bzw. eine Holzfeuchte von unter 25 Prozent erreicht hat. Danach kann es für den Winter in einen Schuppen, eine Holzlege oder einen anderen überdachten Raum verlegt werden, von wo es bequem ins Haus und zum Ofen gebracht werden kann.

Häufige Fehler

Würde Holz im waldfrischen Zustand, also mit reichlich Restwasser darin, in einem geschlossenen Schuppen, einer Garage oder einem Kellerraum gelagert werden, wo der nötige Luftaustausch fehlt, könnte es nicht trocknen, sondern würde zu schimmeln beginnen – und mit ihm die Wände, was ein nicht zu unterschätzendes Gesundheitsrisiko für alle Hausbewohner darstellen kann. Trockenes Brennholz kann durchaus im Keller gelagert werden, aber nur, wenn der Raum und das Holz selbst entsprechend trocken sind.

Ein Sprichwort sagt: Das Holz soll so dicht gestapelt werden, dass eine Maus hindurchschlüpfen, aber die Katze nicht hinterherspringen kann.

Der ideale Standort

Den besten Platz für einen Stapel frisches Holz kann man in zwei Worten beschreiben: windig und sonnig. Wobei der Wind vielleicht sogar noch etwas wichtiger ist, denn er trägt die Feuchtigkeit mit sich. Daher haben Lagerorte im Wald ihre Tücken – so bequem es auch wäre, das Brennholz gleich dort zum Trocknen aufzurichten, wo es geschlagen wurde: Unter dicht stehenden Waldbäumen herrscht eine höhere Luftfeuchtigkeit, weil das Kronendach Wind und Sonnenstrahlung abhält. Für die Holztrocknung ist das alles andere als optimal.

Unterlegt und abgedeckt

Fährt man über Land, entdeckt man die unterschiedlichsten Holzlagervarianten. Zunächst gilt es, unabhängig vom Standort, das Holz mit einem Fundament gegen Bodenfeuchtigkeit zu schützen. Zum Boden sollte man zehn bis fünfzehn Zentimeter Abstand halten. Bei Ein-Meter-Scheiten bzw. -Spältlingen lässt sich das mit untergelegten Rundlingen realisieren. Bei kurzen, hintereinander gestapelten Holzscheiten bietet sich eine Europalette als Unterlage an. Auf natürlichem Boden stellen Sie die Palette am besten auf eine zusätzliche Stein- oder Betonunterlage, um das Aufsteigen von Feuchtigkeit in Ihren Holzstapel zu verhindern.

Denken Sie beim Aufschlichten an die Stabilität. Längere frei stehende Stapel sichern Sie durch Kreuzschlichtung an den Enden.

An der Wand

Auch wenn Sie den Stapel vor einer Bretter- oder Steinwand aufrichten, muss der Wind zwischen Wand und Holz zirkulieren können. Daher sollten Sie ebenfalls einen Abstand von zehn bis fünfzehn Zentimeter einhalten – und natürlich sollten Sie einen Standort wählen, an der Ihr Material vor der Witterung geschützt ist.

Vorbildliche Stapelung am sonnigen Waldrand auf Rundlingen. Ein Blechdach ist immer besser als Folie.

Damit das Holz nicht gegen die Wand kippt, werden an der Rückseite des Stapels in regelmäßigen Abständen Scheite als Stütze bis an die Wand hinausgezogen. Bauen Sie den Stapel trotzdem leicht schräg zur Wand auf, um auch ein Umstürzen nach vorn zu verhindern.

Schutz vor der Witterung

Die obersten Scheite des Stapels werden idealerweile mit Well- oder Trapezblech abgedeckt und mit Steinen beschwert. Häufig sieht man auch Folie als Abdeckmaterial. Wird sie nur über die obersten Lagen gezogen, sodass der Wind noch zwischen den Scheiten hindurchziehen kann, ist das in Ordnung. Ist die Folie jedoch zu weit über die Seiten herabgezogen, kann der Holzstapel nicht trocknen, sondern würde »schwitzen«. Der Schutz nach oben gegen direkte Niederschläge genügt, um das Holz in ofenfertigem, lufttrockenem Zustand zu halten. Ein idealer Lagerort im Freien ist ein gut durchlüftetes Schleppdach, unter dem man das Holz schlichten kann.

An der Seitenwand des Carports ist das Brennholz vor der Witterung geschützt und trotzdem gut durchlüftet.

Wir lagern einen Teil des Brennholzes an der Seitenwand unseres Carports. Die ganze Lage der 25 Zentimeter langen Scheite ist leicht gegen die Lattenwand geneigt. Das Holz ist gegen Regen geschützt, aber von beiden Seiten ständigem Luftzug ausgesetzt.

In Gitterboxen kann die Luft gut zirkulieren. Allerdings braucht man einen Schlepper mit Frontlader.

Den Sommer über im Freien getrocknetes Holz kommt ab September in die Holzlege.

Hier schlichte ich bis in den März hinein frische, relativ klein gespaltene Stücke auf. Bis zum nächsten Winter ist das Holz so trocken, dass es sofort verheizt werden kann. An die Carportwand passen genau 1,5 Raummeter Kurzholz – das reicht uns fast zwei Wintermonate lang.

Der Holzschuppen

Ein Holzschuppen, auch »Holzlege« genannt, ist eine komfortable Angelegenheit. Unsere Hütte steht unmittelbar neben der überdachten Terasse, sodass wir das Holz auch bei kaltem Novemberregen, Schnee und Eis trockenen Fußes ins Haus holen können. Spätestens im September wird sie mit dem schon seit letztem Winter vorgetrockneten Brennholz für die bevorstehende Heizperiode bestückt. Durch eine offene Seitenlattung gut belüftet, hält das Holz seinen niedrigen Wassergehalt von unter 20 Prozent.

Sobald der Schuppen mit dem Holz für den kommenden Winter gefüllt ist, beginnen wir, den Vorrat für das nächste Jahr aufzubereiten und im Freien zu stapeln. Dieses waldfrische Holz kommt nicht in den Schuppen – aus Platzgründen, aber auch, weil es im Freien an Wind und Sonne ohnehin schneller trocknet.

An den Seiten unseres Holzschuppens stapeln wir das Holz, durch den Mittelgang passt die Schubkarre.

Das bayrisch-irische Projekt

Unsere irischen Freunde Mary und Michael wohnen im Westen von Irland in einem kleinen parkähnlichen Waldgebiet, in dem sie auch ihr Brennholz gewinnen. In Irland regnet es bekanntlich viel, deshalb haben sie das Brennholz in der Vergangenheit immer sofort in einem geschlossenen gemauerten Nebengebäude gelagert. Trocknen konnte das Holz dort nicht. Im Kamin schmurgelte es mehr vor sich hin, als dass es brannte. Jedes Jahr, wenn wir, ein paar Fischerfreunde aus Bayern, das kleine Ferienhaus der Familie bewohnten – es wird ebenfalls mit einem Holzofen beheizt –, schlugen auch wir uns mit diesem feuchten Holz herum. Irgendwann waren wir es leid und fassten einen Beschluss: Wir würden unseren Gastgebern einen soliden Holzschuppen bauen – nach allen Regeln der Kunst, schließlich hatten wir den Schreiner und Holzverarbeitungsexperten Toni in unseren Reihen. Wir planten ein geräumiges, zweigeteiltes Modell: Auf einer Seite wird Frischholz eingelagert, auf der anderen trockenes für den Ofen entnommen. Die Anweisungen zur Fundamentanlage und Materialbeschaffung schickten wir per E-Mail. Bei unserem nächsten Aufenthalt stellten wir den Schuppen mit vereinten Kräften und unter der fachkundigen Anleitung von Toni innerhalb weniger Tage auf. Wir fanden daneben sogar noch Zeit zum Fischen.

Im nächsten Jahr sagte Michael begeistert, so gut habe er irisches Holz noch nie brennen sehen. Und seine Frau Mary erzählte, dass öfter Parkbesucher an ihrer Eingangstüre klingelten und fragten, wo man denn diese »wonderful woodshed« bestellen könne. Wir haben uns zurückgehalten und es tunlichst vermieden, weitere derartige Aufträge anzunehmen – lieber kommen wir weiterhin zum Fischen und wärmen uns am Abend an dem gemütlichen Holzofen.

Irisches Richtfest mit einem Glas Whisky. Ganz links Projektleiter Toni. In der Mitte das Bauherren-Ehepaar.

Durch die weite Lattung kann der Wind gut hindurchziehen, sodass das Holz auch im regnerischen Irland ofentrocken wird.

Brennholz als Gestaltungselement

Bei allen praktischen Aspekten der Brennholzgewinnung und -verwendung ist Holz doch immer auch eine emotionale Angelegenheit. Neben ihrer rein funktionalen Aufgabe werden Brennholzlager daher oft als gestalterische Elemente genutzt – zur Strukturierung von Grundstücken und Fassaden, als attraktiver Windfang, Sichtschutz oder Raumteiler. Die kunstvoll aufgerichteten Holzstapel verleihen Haus und Garten einen ganz besonderen Charme, wie die kleine Bildergalerie auf diesen zwei Seiten zeigt. Die Motive stammen aus der Oberpfalz, dem Altmühltal, dem Chiemgau und aus Südtirol.

Der Kreuzstapel zum Trocknen von frisch gespaltenen Meterscheiten ist einfach zu errichten und ausgesprochen stabil …

Kleine Brennholz-Galerie

… zumindest bis zu einer gewissen Höhe. Aber auch mit Stützen macht er sich gut, gerade in einem Bauerngarten. Mal sehen, ob er hält …

Idyll mit Reh: Emmi wurde als mutterloses Kitz aufgefunden und lebt seitdem auf dem Erlebnisbauernhof. Sie unternimmt gern Ausflüge in Wald und Flur.

Auch sparsam eingesetzte Dekoelemente verleihen dem Brennholzstapel unter dem ansonsten recht nüchtern wirkenden Fenster einen ganz eigenen Reiz.

Bevor der alte Kirschbaum im Ofen landet, dient er noch eine Weile als dekorative Bereicherung der ansonsten einheitlich weißen Hauswand.

Mit dem Kleinholzstapel an der Holzhauswand verströmt diese Gaststätte im Altmühltal schon von außen Behaglichkeit. Schöne Blumenstöcke, natürlich mit Untersetzer, sind eben nicht nur was für die Fensterbank.

Traditionelle Holzmieten wie dieser Bienenkorbstapel sind ein Blickfang im Garten, und das im Januar gestapelte Holz wird darin bis zum September ofentrocken.

Der Bienenkorbstapel

Vor einigen Jahren hat unsere Familie an einem Wettbewerb teilgenommen: Es ging um den schönsten Holzstapel für einen Fotokalender. Wir waren mächtig stolz, dass unsere Bienenkorbstapel ein Monatsblatt schmücken durften. Sogar das Bayerische Fernsehen kam und drehte bei einigen Holzstoßbesitzern einen kurzen Film, der dann im Vorabendprogramm ausgestrahlt wurde.

Der frei stehende Bienenkorbstapel ist ideal für kleinere Gärten wie den unseren. Wir haben uns für eine sehr einfache Version entschieden – es gibt sehr viel schönere, sehr sorgfältig gestapelte Ausführungen. Bis auf Kopfhöhe ist alles ohne Leiter machbar. Als Basis wird gegen die Bodenfeuchtigkeit eine kreisförmige Unterlage aus groben Steinen ausgelegt. Darauf kommt ein ziffernblattähnlicher Ring aus zur Mitte weisenden Scheiten. Im leeren Mittelbereich schlichtet und verkeilt man kleinere und kürzere Stücke ineinander. Nach diesem Prinzip wird der ganze Stapel aufgebaut. Immer wieder werden dabei flachere Spalthölzer quer zum Stapel am Außenrand untergebracht. Dadurch fallen die daraufliegenden nach innen weisenden Spaltstücke zum Zentrum hin schräg ab und verstärken die Standfestigkeit des »Bienenkorbs«. Unregelmäßig quer und über Kreuz eingelegte längere Stöcke, Latten oder schmale Bretter erhöhen die Stabilität zusätzlich. Falls Sie in Ihrem Garten mehr Platz haben als wir, können Sie den Durchmesser auch vergrößern oder mit zwei Holzkreisen arbeiten. Die sorgfältig aufgeschichteten Scheite liegen dann enger und paralleler aneinander und geben sich gegenseitig Stabilität, sodass man auf die quer eingelegten Stücke verzichten kann. Ein solcher Stapel wirkt noch gleichmäßiger und gefälliger. Wenn Sie die Scheite mit der Rindenseite nach oben legen, ergibt das gleich einen natürlichen Regenschutz. Obwohl der Bienenkorbstapel nicht abgedeckt wird, ist das bis zum Januar gestapelte Holz im September trocken.

Ungebetene Gäste

Man liegt entspannt auf dem Sofa, schmökert in einem Buch, und im Kaminofen züngeln die Flammen. Man könnte mit tiefer Zufriedenheit die Früchte der anstrengenden Holzarbeit genießen, wenn nicht – ja, wenn da nicht plötzlich dieser kleine Käfer wäre, der da über den Buchrücken krabbelt. Wo kommt der denn her? Sofort ist der Korb mit dem Brennholz im Visier. Tatsächlich! Eine Augenscheinkontrolle bringt einen weiteren Käfer ans Licht, der sich an eines der Scheite klammert. Viele stellen sich die Frage, ob sie sich mit dem Brennholz Schädlinge ins Haus geholt haben, die nun Möbel, Parkettboden oder gar den Dachstuhl in Gefahr bringen.

An dieser Stelle können wir Entwarnung geben: Käfer aus dem Wald interessieren sich in der Regel nicht für Wohnungsmöbel oder im Haus verbautes Holz. Natürlich gibt es im Wald eine große Vielfalt von Insekten. Die meisten von ihnen leben in geschädigten oder geschwächten Bäumen, die nach den Regeln der Forstwirtschaft häufig ausselektiert werden und, sofern sie dazu geeignet sind, zu Brennholz verarbeitet werden. Auf diese Weise kann durchaus das eine oder andere Krabbeltierchen in unsere Wohnungen gelangen. Dort findet es aber keinen geeigneten Lebensraum, denn die im Wald vorkommenden Käfer brauchen für ihre Entwicklung und Fortpflanzung fast alle Holz mit Rinde und einem ausreichenden Wassergehalt. Möbel, Fußbodendielen und Holzvertäfelung bieten den Forstinsekten keine Lebensgrundlage – unser im Haus verbautes Holz ist viel zu trocken für sie.

Auch in getrocknetem Brennholz finden sie und ihre Larven kein geeignetes Lebensumfeld und können sich nicht weiterentwickeln. Ausgewachsene Frischholzinsekten, die mit dem Brennholz ins Haus gekommen sind, werden in der warmen Umgebung eines Wohnzimmers zwar schnell aktiv, aber gefährlich sind sie definitiv nicht. Daher ist es auch nicht nötig, sie in irgendeiner Form zu bekämpfen.

Vorsicht bei altem Bauholz

Etwas anderes ist es, wenn man Althölzer von Abrissen oder Renovierungen zu Brennholz verarbeiten wollte. In betagten Balken, Bohlen und Dielen können gefährliche Holzschädlinge wie Nage- und Splintholzkäfer oder der Hausbock leben. Der Splintholzkäfer wurde (und wird bis heute) beim Import tropischer Hölzer beziehungsweise daraus hergestellten Produkten eingeschleppt und befällt auch einheimisches Holz in allen Formen – vom Schnittholz bis zur Fußbodenleiste. Lassen Sie am besten die Finger von altem Bauholz – zumal es alles andere als optimal verbrennt und Sie nicht wissen, mit welchen Substanzen es behandelt wurde.

Fraßspuren eines unter der Rinde lebenden Käfers.

Das Feuer und der Ofen

Damit sind wir vom Wald über den Holzplatz im Haus angelangt: Heizen mit Holz verbreitet Wärme und Wohlbehagen und ist, richtig gemacht, eine saubere Sache. Auf das richtige Anzünden und Nachlegen kommt es an.

Wie Holz verbrennt

Bevor Sie nun den Ofen anschüren, widmen wir uns den technischen Hintergründen der Holzverbrennung, dem Heizwert und – schließlich spielt beim Feuer auch die Optik eine Rolle – dem Flammenbild verschiedener Holzarten sowie der Wärmesteuerung im Haus.

Technische Fakten

Wenn Holz verbrennt, verbindet sich Sauerstoff aus der Luft mit Kohlenstoff und Wasserstoff aus dem Holz, und es wird Energie in Form von Licht und Wärme freigesetzt. Die Verbrennung von Holz ist jedoch kein gleichförmiger Vorgang, sondern läuft in verschiedenen Phasen ab.

1. Phase: Trocknung

Beim Anzünden erwärmen sich die nächstliegenden größeren Holzstücke. Bevor diese anbrennen können, muss ihre Restfeuchtigkeit verdampfen. Sicher haben Sie beim Öffnen der Ofentür schon einmal das typische Zischen gehört, das diesen Vorgang begleitet. Je mehr Wasser die Scheite enthalten, desto mehr Energie muss für die Trocknung aufgewendet werden, und desto mehr »Qualm«, also eigentlich Wasserdampf, entsteht dabei. Sie erinnern sich: Der ideale Wassergehalt liegt für Scheitholz bei 10 bis 20 Prozent. In der Trocknungsphase entstehen Temperaturen bis 150 Grad Celsius.

2. Phase: Pyrolyse

Steigt die Temperatur während des Verbrennungsvorgangs dann auf über 150 Grad Celsius, entgasen leicht flüchtige Stoffe aus dem Holz, und es entstehen Kohlenmonoxid und Kohlenwasserstoffe.

Verbrennungsvorgang und ungefähre Temperaturverteilung bei einem seit rund 30 Minuten im Feuer liegenden Holzscheit.

Das Holzbestandteil Hemicellulose zerfällt und wird ab 200 Grad Celsius gasförmig, bei Cellulose geschieht das ab etwa 350 Grad Celsius.

Aus dem Holzinhaltsstoff Lignin wird hauptsächlich Ruß und Teer, der sich bei höheren Temperaturen weiter zersetzt. Das Holz wird schwarz und beginnt zu zerfallen. In der Pyrolysephase ist das Flammenaufkommen am größten, die Temperaturen steigen bis auf 600 Grad Celsius. Das Holz verliert etwa 85 Prozent seiner Masse, als Rest bleibt ein Holzkohleanteil von rund 15 Prozent.

3. Phase: Oxydation

Ab rund 400 bis 600 Grad Celsius verbrennen die zuvor entstandenen Gase. Die Temperatur kann dabei bis um die 1300 Grad Celsius ansteigen. Jetzt wird die meiste Wärmeenergie freigesetzt. Die Holzkohle verglüht in diesem Stadium ohne Flammenbildung, da die gasförmigen Stoffe schon vorher entwichen sind.

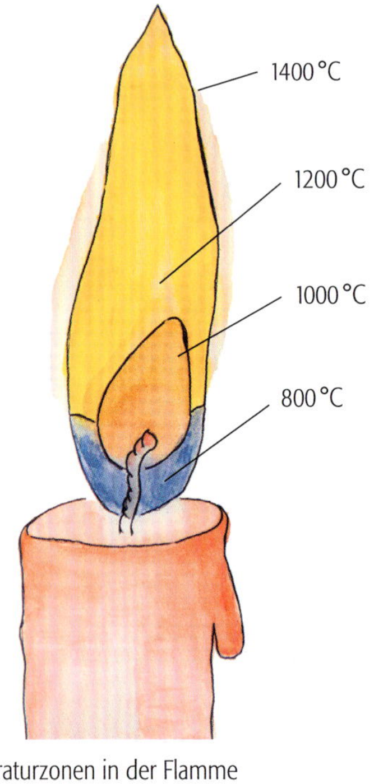

Temperaturzonen in der Flamme

Diese drei Phasen laufen in einem herunterbrennenden Holzfeuer sowohl nacheinander als auch nebeneinander ab und können in der Hauptbrennperiode gleichzeitig beobachtet werden. Unter idealen Bedingungen bleibt von der Holzverbrennung neben dem entstandenen Wasser und Kohlendioxid nur ein Ascherest aus verschiedenen Mineralstoffen zurück, der ein halbes bis ein Prozent der ursprünglichen Holzgewichts an Masse hat.

Flammenfarbe und Temperaturzone

Die Flammen eines Holzfeuers leuchten in verschiedenen Farben. Dabei steigt die Temperatur von unten nach oben. Derselbe Effekt lässt sich bei einer Kerzenflamme beobachten. Die Rauchentwicklung lässt auf die Qualität der Verbrennung schließen: Je weniger Rauch entsteht, desto besser verläuft die Verbrennung.

Farbbereiche

Blau: Im unteren Bereich der Flamme ist es bei rund 800 Grad Celsius noch am »kühlsten«. Für die blaue Farbe sind bei der Pyrolyse entstehende Kohlenwasserstoffe verantwortlich.

Orangerot: Bei Temperaturen bis 1000 Grad Celsius entstehen Rußpartikel, die sich durch Vermischung mit der Luft entzünden.

Gelb: Die Rußpartikel verbrennen unter Sauerstoffzufuhr aus der Luft. Temperatur: etwa 1200 Grad Celsius.

Durchsichtiger Außenbereich: Hier findet die Hauptverbrennung statt. Die Temperatur beträgt bis zu 1400 Grad Celsius.

Holz und sein Heizwert

Welches Holz man in seinem Ofen – in erster Linie sprechen wir hier von den sehr verbreiteten Kaminöfen – verbrennt, hängt erstens von den regional verfügbaren Baumarten ab und zweitens davon, ob sich der auch Ofen für die jeweilige Holzart eignet. Hier gibt es je nach Ofenmodell durchaus Unterschiede, die es nötig machen, die unterschiedlichen Heizwerte und Verbrenneigenschaften der Holzarten zu berücksichtigen.

In einem Kilo Nadelholz, zum Beispiel Fichte oder Kiefer, steckt aufgrund des Harz- und Ligningehaltes ein geringfügig höherer Heizwert als in einem Kilo Material von schweren Laubhölzern wie Buche oder Eiche. Das Nadelholz brennt wegen seiner Inhaltsstoffe und der etwas weiteren Zellstruktur schneller an als das dichtere Laubholz. Deswegen eignet sich Kleinholz aus Nadelbäumen auch so gut zum Anfeuern. Nachgelegt wird dann gerne mit Buche oder Eiche, weil diese Laubholzarten länger brennen. Allerdings können sich bei der Verbrennung von Buche und Eiche sehr hohe Temperaturen entwickeln, die der jeweilige Ofen auch aushalten muss, ohne Schaden zu nehmen. Für preisgünstige Öfen gilt deswegen manchmal eine Beschränkung auf Nadelholz, das – vorausgesetzt, der Brennraum wird nicht zu eng befüllt – weniger heiß brennt. Lesen Sie daher die Gebrauchsanweisung Ihres Ofens genau durch bzw. lassen Sie sich vor dem Kauf eingehend beraten. Eine Ferienhausbesitzerin erzählte mir einmal, sie stelle keinen teuren Kaminofen auf, da sie ihn ohnehin alle paar Jahren austauschen müsse: Ihre Herbst- und Wintergäste würden immer so stark heizen, dass der Ofen unabhängig von der Qualität des Modells regelmäßig »durchbrenne«.

Anhand unten stehender Tabelle können Sie sich einen Überblick über den Heizwert bzw. Energiegehalt der am häufigsten verwendeten Brennhölzer in lufttrockenem Zustand verschaffen. Hier wird noch einmal ersichtlich, dass die Zahlenwerte auf das Gewicht bezogen (kWh/kg) bei Fichte und Kiefer etwas höher liegen als bei den Laubhölzern. Bei den üblichen Verkaufsmaßen Raummeter und Schüttraummeter ist es dann, klammert man die Pappel aus, jedoch umgekehrt (kWh/rm und kWh/srm). Die Werte wurden unter wissenschaftlichen Bedingungen erhoben.

Heizwert bzw. Energiegehalt häufig verwendeter Brennholzarten

Holzart (Laubholz, Nadelholz) lufttrocken, 15 % WG	kWh/kg	kWh/rm	kWh/srm
Buche (Rotbuche)	4,15	1907	1362
Eiche	4,15	1951	1393
Kiefer	4,32	1533	995
Fichte	4,32	1348	875
Pappel	4,15	1206	820

(Quelle: Bayerisches Landesanstalt für Wald- und Forstwirtschaft, LWF-Merkblatt 12: »Der Energieinhalt von Brennholz«)

Zahlenspiele

Es ist naheliegend, dass Ofenbesitzer wissen möchten, wie groß der Anteil fossiler Brennstoffe ist, den sie durch das Heizen mit Holz einsparen, respektive welchen wirtschaftlichen Vorteil ihr Holzofen ihnen bringt. Wie viel Heizöl oder Erdgas lässt sich durch einen Raummeter Holz ersetzen? Diesbezüglich lassen sich mit der entsprechenden Akribie wunderbare Zahlenspiele durchführen, und natürlich gibt es Tabellen mit den Heizwerten diverser beliebter Holzarten im Vergleich zu einem Liter Heizöl – allerdings halte ich sie für wenig aussagekräftig. Denn die tatsächlich erreichbaren Heizwerte hängen nicht nur von der verwendeten Holzart und dem Trocknungsgrad, sondern auch von der jeweiligen Ofentechnik ab. Grundsätzlich verschwinden bei einem Holzofen, anders als bei einer optimal eingestellten Öl- oder Gasheizung, rund 20–30 Prozent Abwärme durch den Kamin – das ist einfach so. Dazu kommen die Unwägbarkeiten unseres Heizverhaltens: Wir befeuern unseren Ofen nach Gefühl und öffnen auch mal ein Fenster, um durchzulüften, wenn wir zu viel nachgelegt haben.

Der Vollständigkeit halber finden Ofenbesitzer mit besonderem Interesse an Technik und Physik der Tabelle unten dennoch die Angaben des Energiegehalts von Buche und Fichte im Vergleich zu anderen Brennstoffen. Über den Daumen gepeilt können 1000 Liter Heizöl durch rund fünf Raummeter Laubholz oder sieben Raummeter Nadelholz ersetzt werden. Bezieht man dann noch die aktuellen Preise der verschiedenen Energieträger mit ein, kann man relativ einfach einen groben Kostenvergleich durchführen – und wenn die oben erwähnten Unwägbarkeiten beim Heizen mit Holz nicht wären, könnte er sogar ungefähr stimmen.

Aber seien wir ehrlich mit uns selbst: Wenn wir das Thema Brennholz von der Beschaffung bis zum Ofen betrachten, wird das tatsächliche Verhältnis von Aufwand und Ertrag schnell undurchsichtig, und es kommen zahlreiche emotionale Aspekte hinzu, die die rein technischen und wirtschaftlichen Kriterien in den Hintergrund treten lassen – das gilt ganz besonders für das Selbermachen. Mir persönlich genügt es daher zu wissen, dass der Heizwert von Birke etwas hinter demjenigen von Buche und Eiche liegt und Kiefer wegen ihres höheren Harzgehaltes eine Nasenlänge vor der Fichte rangiert. Davon abgesehen hat jede Holzart ihre Vor- und Nachteile, wie Sie im Kapitel »Brennholzbäume« (siehe Seite 37 bis 43) nachlesen können.

Ohnehin sind alle nüchternen Zahlen- und Kostenkalkulationen spätestens dann vergessen, wenn die Flammen hinter der Glasscheibe emporzüngeln, die Scheite knacken und wir die Strahlungswärme auf der Haut spüren, während wir eine Tasse heißen Tee in der Hand halten und von draußen der Novemberregen an die Fensterscheiben klopft. Mein Favorit für ein sichtbares Feuer im Kaminofen ist übrigens die Birke, gefolgt von der Buche. Wie das Ofenfeuer ganz ohne Zahlenspielerei gelingt, dazu kommen wir im nächsten Kapitel.

Vergleichsdaten für den Energiegehalt von einem Raummeter lufttrockener Fichte und Buche mit anderen Energieträgern

	kg/rm	kWh	Heizöl (L)	Erdgas (m³)	Holzpellets (kg)
Fichte	310	1345	130	130	274
Buche	460	1900	190	190	388

(Quelle: Bayerische Landesanstalt für Wald und Forstwirtschaft, LWF Merkblatt 20: »Scheitholz, Produktion, Lagerung, Kennzahlen«

Entscheidungshilfe für den Ofenkauf

Wer sich mit dem Gedanken trägt, einen Kaminofen für einen Neubau zu kaufen, sollte sich im Hinblick auf die nötige Heizleistung mit seinem Bauträger, Architekten oder Energieberater besprechen und sich vom Ofenhändler eingehend beraten lassen. Für Häuser mit hohen Wärmedämmwerten ist nicht jeder Kaminofen geeignet. Als beispielsweise meine Frau und ich einen Kaminofen für unser neues Holzhaus aussuchten, wussten wir, dass dessen Heizleistung nicht besonders hoch sein musste – erstens wollten wir Erdwärme nutzen, und der Ofen sollte nur als Zusatzheizung dienen, und zweitens hat unser Haus eine gute Wärmedämmung.

Ein weiterer wichtiger Gesichtspunkt für die Wahl des Ofens ist die Wärmesteuerung, also die Frage, wie schnell die Wärme zur Verfügung stehen soll. Wir wollten ein Modell mit schneller Wärmeabgabe, weil wir beide berufstätig sind und meistens erst am Abend nach Hause kommen. Außerdem wünschten wir uns eine möglichst große Glasscheibe, um die Flammen beobachten zu können. Daher entschieden wir uns für einen Stahlofen ohne die Speichereigenschaften von Speckstein oder ähnlichen Materialien. Einmal angeheizt, gibt er seine Strahlungswärme in kürzester Zeit über die zwei relativ großen Glasscheiben ab. Nach dem Erlöschen der letzten Glut in den Buchenscheiten im Laufe der Nacht speichert nicht die Außenwandung des Ofens die Wärme, sondern das Haus. Für uns war es genau die richtige Kaufentscheidung. Wer jedoch möchte, dass der Ofenkörper nach dem Verlöschen des Feuers über längere Zeit Wärme abgibt, sollte eine andere Bauart mit Speichertechnik wählen.

Ein Ofen mit Specksteinplatten speichert die Wärme über einen gewissen Zeitraum, während der Stahlofen sie schnell abgibt.

Einen Ofen betreiben

So einfach und ursprünglich das Heizen mit Holz ist – damit der Ofen sauber und effizient brennt, gilt es einiges zu beachten. Mit unseren Tipps und Tricks rund um die Ofenpflege, das Anzünden, das Nachlegen und dem richtigen »Zug« kann der Winter kommen.

Eingeheizt – optimal anschüren

So ein Ofenfeuer anzuzünden ist schon ein besonderes Vergnügen: Das Holz sorgfältig im Brennraum stapeln, das erste Knistern nach dem Anzünden hören, die ersten züngelnden Flammen beobachten und sehen, wie sie größer werden … und das schöne Gefühl, wenn sich langsam eine wohlige Wärme in der Stube ausbreitet und die klamme Kälte vertreibt. Jeder wünscht sich ein »schönes Feuer« – eines mit wenig Rauch- und Qualmentwicklung, eines, das gleichmäßig und mit einem schönen Flammenbild abbrennt.

Aber das richtige Anzünden kann auch zur Herausforderung werden, vor allem, wenn es sich um ein sichtbares Feuer in einem Kaminofen oder in einem offenen Kamin handelt. Bevor Sie ein Feuer entfachen, sollten Sie immer ein Fenster öffnen, um den Zug zum Kamin zu unterstützen. Zum Anzünden des Feuers selbst gibt es zwei Möglichkeiten: von unten oder von oben.

Anzünden von unten – Klassiker mit Tücken

Traditionell zündet man Feuer von unten an. Vermutlich machen das auch die meisten Kaminofenbesitzer so. Sie knüllen die Doppelseite einer Zeitung zu einem kleinen Papierball und legen diesen auf die Grundplatte oder den Bodenrost des Ofens. Andere bevorzugen handelsübliche Ofenanzünder. Darüber kommen dann kleinere Holzspäne, und darüber wiederum zwei bis drei größere Holzstücke. Die Spaltflächen sollten jetzt übrigens nach unten weisen, damit sie schnell mit den Flammen in Berührung kommen. Über die Spaltflächen gast das Holz weitaus besser aus als über die Rindenseite und brennt dadurch schneller und abgasfreier an.

Nach dem Anzünden züngeln die ersten Flammen durch das oben liegende Brennmaterial – und es passiert etwas, was dem Ofenbesitzer weniger gefällt: Es beginnt zu rauchen, und vom Feuer ist erst einmal nicht viel zu sehen. Auch die beliebte zeltartige Aufstellung des Kleinholzes über dem Papier in einer Ofenecke ist recht ungünstig für ein sicheres Anbrennen und das spätere Nachlegen.

Ein gitterartiger Aufbau brennt zwar gleichmäßiger ab, das Feuer wird aber sehr schnell groß, sodass der Stapel sehr bald unkontrolliert zusammenbricht, was das Nachlegen ebenso erschwert.

Im Holzkorb erwärmt sich der Tagesvorrat Brennholz neben dem Ofen auf Zimmertemperatur. Dadurch brennt es schneller an als im kalten Zustand.

Bei Rauch handelt es sich immer um unverbrannte Gase und Feinstäube. In unserem Fall werden sie durch das beginnende Feuer verursacht. Die Flammen kommen von unten, während der Rauch jedoch sofort nach oben Richtung Kamin abzieht und sich von dem ohnehin noch nicht sehr heißen Feuer entfernt. Die Gase verbrennen nicht, sondern wandern als schädliche Emission durch den Schornstein in die Außenluft. Die Nachbarn sehen und riechen sofort, dass Sie dabei sind, Ihren Ofen anzuschüren. Wenn das Feuer größer und heißer wird, nimmt der Rauch zwar ab, aber nun macht sich der nächste Nachteil dieser Methode bemerkbar: Durch das stärker werdende Feuer wird unmittelbar das gesamte oben liegende Holz entzündet. Es entwickelt eine große Hitze und der gesamte Brennstoff brennt extrem schnell ab. Dass es dabei auch in der Nähe des Ofens so heiß wird, empfinden die meisten als unangenehm – eine große Sichtscheibe fördert die Hitzeabgabe zusätzlich. Als Gegenmaßnahme greifen viele zum Luftschieber und drosseln die Luftzufuhr, was in diesem Stadium aber dazu führt, dass das Feuer schlechter abbrennt und die Emissionen erhöht – alles nicht optimal.

TIPP

Feuer ohne Funkenflug

Einen offenen Kamin sollten Sie grundsätzlich nur mit Holz betreiben, das nicht zum Funkenflug neigt. Laubholz wie Birke oder Buche ist ideal.

Wenn man schon einen Kaminofen in der Wohnung stehen hat, möchte man das Feuer über die Sichtscheibe genießen, und es soll gleichmäßig und ohne große Schadstoffemissionen abbrennen. Dafür ist unter anderem eine korrekte Luftzufuhr nötig – hier kann beispielsweise eine Drosselklappe im Ofenrohr (siehe Praxistipp Seite 133) helfen. Aber für den Anfang möchten wir Ihnen einfach eine andere Anzündmethode vorstellen.

Beim Anzünden von unten entwickelt sich zunächst mehr Rauch: Viele Gase entfernen sich unverbrannt von der Flamme.

Anzünden von unten bei gitterartigem Aufbau: Das Feuer brennt schnell, aber auch ungleichmäßig.

Anzünden von oben – das Kerzenprinzip

Wir drehen den Vorgang schlicht um und zünden das Feuer von oben an – wie bei einer Kerze. Die Methode stammt aus der Schweiz; womöglich wurde sie dort auch nur wiederentdeckt. Jedenfalls hat sie sich in den letzten Jahren gerade für den Betrieb von Kaminöfen etabliert. Gelegentlich hört man, sie würde sich nur für Öfen mit geschlossener Grundplatte und nicht für solche mit offenem Bodenrost eignen. Unser Kaminkehrermeister konnte das so nicht bestätigen.

Wenig Emissionen

Mein Kaminofen hat einen schmalen, aber relativ hohen Brennraum, der in der Regel mit 25 Zentimeter langen und maximal knapp zehn Zentimeter starken Hartholzscheiten aus Buche oder Birke bestückt wird. Werfen Sie, was die Scheitgröße und die Holzarten angeht, einen Blick in die Bedienungsanleitung Ihres Ofens.

Zum Anschüren lege ich zwei dieser Scheite auf die Grundplatte, die gerne noch eine dünne Ascheschicht aufweisen darf. Quer darüber kommen zwei kleinere Scheite – wenn möglich aus Nadelholz, das schneller anbrennt als Laubholz –, und zwar mit den Spaltseiten nach oben. Gekrönt wird das Ganze mit einer Gitterlage aus relativ klein (etwa einen Zentimeter dick) gespaltener Kiefer oder Fichte. In die obere Hälfte dieses Gitters kommt ein geeigneter Anzünder (siehe ab Seite 134).

Nach dem Anzünden beginnt der Gitterstapel ruhig, ohne große Rauchentwicklung und mit wachsender Flamme zu brennen. Da sich das Feuer zunächst relativ weit oben im Brennraum befindet, erwärmt sich kleine Raum oben schneller, und das nach und nach entstehende Holzgas kann gründlicher abbrennen. Alle Luftklappen sind geöffnet, zusätzlich bleibt die Tür anfänglich nur angelehnt: das Feuer braucht

Den Anzünder legt man oben in die Mitte des Gitterstapels aus Hartholzscheiten, Nadelholz-Spaltstücken und -Kleinholz.

Über dem Anzünder brennt das Kleinholz an. Die Ofentür ist nur angelehnt, um die Luftzufuhr zu unterstützen.

Die Hitze nimmt zu und strahlt nach unten. Aus dem stärkeren Holz treten Gase aus und entflammen. Der Gitterstapel brennt jetzt intensiv.

Sauerstoff. Die Rauch- und Rußentwicklung bleibt überschaubar.

Unten findet das Feuer neue Nahrung. Die zunehmende Hitze stößt den Ausgasungsvorgang in den unten liegenden Hölzern an, bis auch sie zu brennen beginnen. Weil die dabei aufsteigenden, brennbaren Gase – anders als beim Anzünden von unten – durch das darüber liegende Feuer strömen müssen und dabei weitgehend verbrennen, entsteht nur wenig Rauch.

Sobald das Holz richtig brennt, kann man die Ofentür schließen. Die Luftklappen bleiben je nach Angaben in der Bedienungsanleitung offen oder werden etwas weiter geschlossen.

Durch diese energetisch optimale Anfeuerung erreicht man einen gleichmäßigen Abbrand und einen angenehmen Temperaturanstieg im Raum.

Die unten liegenden Scheite beginnen auf der Innenseite zu brennen. Die aufsteigenden Gase durchqueren die Flammen und verbrennen sehr raucharm.

Nach einer guten Stunde brennen die unteren Scheite langsam ab. Sobald nur noch die Glut leuchtet, wird nachgelegt.

Praxistipp Drosselklappe

Man sagt, je länger der Kamin ist, desto besser ist der Zug. Durch einen zu starken Zug wird das Feuer im Kaminofen extrem angefacht. Die Flammen füllen den Brennraum fast vollständig aus, und vor allem bei zu großzügiger Holzeinlage wird die Hitzestrahlung fast unerträglich – und das ist nicht die einzige negative Folge.

Mein Kaminkehrer hat mir das Prinzip folgendermaßen erklärt: Bei übermäßiger Flammenbildung und entsprechend großer Hitze gelangen die aus dem Holz austretenden Gase zu schnell aus dem Brennraum in den Kamin, um sauber verbrennen zu können. Der Kohlenstoff aus dem Holz, der sich bei genügend Sauerstoffzufuhr normalerweise über das giftige Kohlenmonoxid (CO) in das ungiftige Kohlendioxid (CO_2) verwandelt, wandert unvollständig verbrannt als CO und Ruß (reiner Kohlenstoff) in die Atmosphäre.

Versucht man dem entgegenzuwirken, indem man die Luftzufuhr des Ofens manuell über den am Ofen befindlichen Schieber reduziert, wird dem Brennraum weniger Sauerstoff zugeführt, und das Feuer kann sich in Richtung eines Schwelbrands entwickeln; ein Anzeichen dafür ist der schwarze Ruß, der sich an der Scheibe niederschlägt. Außerdem führt dieser Eingriff zu einem weiteren Anstieg der Emissionen.

Wie kann man diesem Extrem entgegenwirken? Indem man, statt die Frischluftzufuhr zu beschneiden, den Abzug im Kamin mithilfe einer im Ofenrohr angebrachten Drosselklappe bremst. Durch eine Drosselklappe lässt sich der Querschnitt des Ofenrohrs reduzieren. Dadurch werden die Flammen kleiner, aber die Verbrennung kann sich durch die längere Verweildauer der Gase im Brennraum trotzdem verbessern. Ein gutes Zeichen ist, wenn die Sichtscheibe nicht mehr verrußt. Wenn Sie mit dem Problem konfrontiert sind, sprechen Sie mit Ihrem Kaminkehrer: Er wird Ihnen sagen, ob sich eine Drosselklappe für Ihren Kaminofentyp eignet.

Durch eine Drosselklappe lässt sich der Querschnitt des Ofenrohrs und damit der Zug verkleinern.

Kleinholz mit fertigen Kaminanzündern aus dem Handel.

Anzündhilfen

Heute sind Kamin- und Grillanzünder allerorts in Baumärkten, Gartencentern und Supermärkten erhältlich. Viele bestehen aus Erdölderivaten und riechen auch so – nämlich ziemlich unangenehm. In den ökologisch unbedenklicheren Alternativen stecken natürliche Fasern, Öl und Wachs. Wer Wert auf möglichst naturnahe Selbstversorgung legt, hat auch die Möglichkeit, sich verschiedene Varianten an geeignetem Anzündmaterial bei einem Waldspaziergang selbst zusammenzusuchen.

Baumharz

Baumharz findet man in Form von dicken austretenden Knollen an der Rinde von durch mechanische Einwirkungen verletzten Fichten. Auf den Baumstöcken von gefällten Fichten »wachsen«

Kurz über den obersten grünen Ästen dieser Kiefer verstopft das Harz die Leitungsbahnen und bildet den »Kienzopf«. Für viele Brennholzliebhaber ist dieser Teil das »Filetstück« des Baumes.

mitunter noch Jahre nach der Fällung deutliche Harzränder. Mit einer kleinen Axt oder einem stabilen Campingmesser lässt sich das Harz herausbrechen. Die kleinen Harzbröckchen sind fabelhafte Anzünder, die sehr lange brennen. Man kann sie »pur« anzünden oder in ein kleines Stück Zeitungspapier wickeln.

In braunes Packpapier eingewickelte Harzbröckchen sind ein originelles Mitbringsel: biologische Kaminanzünder aus dem heimischen Wald.

Kienspäne

Kienspäne werden aus besonders harzigem Kiefernholz, auch »Kien« genannt, gewonnen. Der Begriff stammt aus dem Althochdeutschen und bedeutet so viel wie »Fackel«. Kien entsteht, wenn der Baum verletzt oder von einem bestimmten Rostpilz befallen wird.

Schmale harzige Hölzchen, die »Kienspäne«, wurden vom Mittelalter bis ins 19. Jahrhundert zum Anzünden des Herdes, aber auch zu allerlei Beleuchtungszwecke verwendet. Andere Möglichkeiten zur Lichterzeugung waren für die ärmeren Bevölkerungsschichten zu teuer. Beim Anlegen des Brennholzvorrats für die langen Wintermonate wurde immer darauf geachtet, dass genügend Kienholz mit eingelagert wurde.

Heute werden die aromatisch-harzig riechenden Späne manchmal in kleinen Bündeln für wenige Euro auf Weihnachts- oder Öko-Märkten verkauft. Mit den fingerdicken, meist etwa 20 Zentimeter langen Kienspänen lässt sich das Feuer im Kachel- oder Kaminofen so schnell wie stilvoll entfachen. Allerdings entsteht dabei zu Beginn ein wenig rußiger Rauch.

Kienspäne brennen rasch an. Während des Abbrandes halten sie eine sichere Flamme.

Der althochdeutsche Begriff »Kien« bedeutet »Fackel«. Man nutzte Kienholz früher als günstige Beleuchtung.

Die dünne Birkenrinde ist leicht entflammbar – selbst in feuchtem Zustand, wie hier an einer toten Birke erprobt.

Lassen Sie Birkenrinde in einem Korb trocknen und scheiden Sie sie dann klein.

In flüssiges Wachs und Sägespäne getauchte Kiefernzapfen ergeben zuverlässige Kaminanzünder.

Birkenrinde

Birkenrinde ist witterungsbeständig und wunderbar vielseitig. Wegen der enthaltenen ätherischen Öle brennt sie wie Zunder, was sie zu einem idealen Ökoanzünder macht. Man muss sich nicht einmal an einem lebenden Baum zu schaffen machen, sondern kann die Rinde umgestürzter Birken verwenden – sie bleibt selbst noch erhalten, wenn das Holz schon ziemlich verrottet ist. Sammeln Sie die weiße Rinde in einem Stoffbeutel und legen Sie sie zu Hause zum Trocknen lose in einen Korb. Später schneiden oder hacken Sie die größeren Stücke klein und stecken sie zwischen das Anfeuerholz. Birkenrinde ist mittlerweile mein absoluter Favorit unter den Anzündhilfen; ich kombiniere sie gerne mit einem Bröckchen Fichtenharz. Allerdings rußt sie anfänglich ein wenig, ähnlich dem Kienspan.

Präparierte Kiefernzapfen

Kiefernzapfen sind in meiner oberpfälzischen Heimat ein traditionelles Brennmaterial zum Grillen. Wenn sie gut durchgetrocknet sind, brennen sie schnell an. Als Kaminanzünder werden sie noch ein bisschen »getunt«, indem man sie nach dem Prinzip Wiener Schnitzel zuerst in heißes Bienenwachs taucht und gleich im Anschluss in trockenes Sägemehl.

TIPP

Wie anzünden?

Üblicherweise entzündet man das Feuer mit einem Streichholz, einem ganz normalen Feuerzeug oder Stabfeuerzeug. Diese Flammen brennen allerdings nicht besonders stabil, der Luftzug des Kamins lässt sie häufig vorzeitig verlöschen. Eine gute, aber nicht ganz ungefährliche Alternative ist das Sturmfeuerzeug mit seiner kleinen, heißen Flamme.

Das Feuer brennt – die optimale Hauptphase

Als wir unser Haus bauten und den Kaminofen planten, erzählte mir der Ofenbauer folgende Anekdote: Er hatte einen neuen Kaminofen verkauft und eingebaut. Zwei Wochen später bekam er einen Anruf von seinem Kunden, der sich bitter darüber beschwerte, dass der Ofen nicht richtig funktionieren würde. Während die Flammen mehr schlecht als recht vor sich hin kümmerten, würden sich an der Glasscheibe Wassertropfen bilden. Als der Ofenbauer bei dem Kunden eintraf, brannte bereits ein Feuer im Ofen. Auf Anhieb konnte er keine Auffälligkeiten feststellen, allerdings hatte die Scheibe einen deutlichen Rußbelag. Weil das Feuer schon etwas heruntergebrannt war, bat er den Kunden, etwas Holz nachzulegen. Der kam der Bitte nach: Er nahm ein Scheit aus dem Holzkorb und tauchte es in einen Eimer mit Wasser, der neben dem Ofen stand. Den hatte der Ofenmeister zwar bemerkt, aber für einen Putzeimer gehalten. Dann öffnete der Kunde die Ofentür, legte das nasse Stück Holz in den Feuerraum und schloss die Tür wieder. An der Scheibe sammelte sich so viel Kondenswasser, dass sich kleine Tröpfchen zu formieren begannen. Auf die vorsichtige Frage des Ofenbauers nach dem Grund dieses Vorgehens antwortete der Ofenbesitzer: »Ist doch klar: So verbrennt das Holz nicht so schnell«. So unglaublich das klingt – die Geschichte ist wahr. Es soll auch Leute geben, die demselben Irrglauben anhängen und das Holz in mehrere Lagen nasses Zeitungspapier einwickeln, bevor sie es in den Ofen legen. Würde das funktionieren, dann könnten wir uns viel Aufwand sparen und gleich feuchtes Holz verwenden. In Wirklichkeit schwelt das feuchte Holz natürlich mehr, als dass es brennt. Es gibt dabei nur wenig Hitze ab, aber die Schadstoffemissionen sind immens, und mit der Zeit versottet der Schornstein durch die übermäßigen Rauchrückstände.

Angesichts der Rauchschwaden stellt sich die Frage, was genau hier verbrannt wird. Dass es der Umwelt schadet, ist klar.

Eine optimale Verbrennung muss ganz unterschiedliche Kriterien erfüllen: Der Ofenbetreiber will ein Feuer, das mit möglichst wenig Aufwand und Holzeinsatz lange und optimal warm brennt und wenig Schmutz und Asche verursacht. Aus emissionstechnischer Sicht sollte das Holz im Ofen möglichst schadstoffarm verbrennen. Wir werden sehen, dass sich alle diese Anforderungen recht gut unter einen Hut bringen lassen.

Nur ein sauberes Feuer ist ein gutes Feuer

Leider achten noch immer nicht alle Ofenbetreiber auf eine saubere Verbrennung. Das schadet nicht nur dem Ofen und dem Schornstein, sondern auch der Umwelt und damit sowohl uns selbst als auch anderen Menschen. Es werden Emissionen in die Luft geblasen, die sich aus Feinstäuben, Ruß, Kohlenmonoxid, Methan, flüchtigen organischen Verbindungen und sogenannten polyzyklischen aromatischen Kohlenwasserstoffen zusammensetzen. Diese Schadstoffe bilden einen ausgesprochen gefährlichen Mix: Feinstaub und Rußpartikel belasten Lunge und Blutkreislauf und fördern die Klimaerwärmung. Zudem gilt Ruß aus Holzfeuerungen als ähnlich krebserregend wie der aus Dieselmotoren.

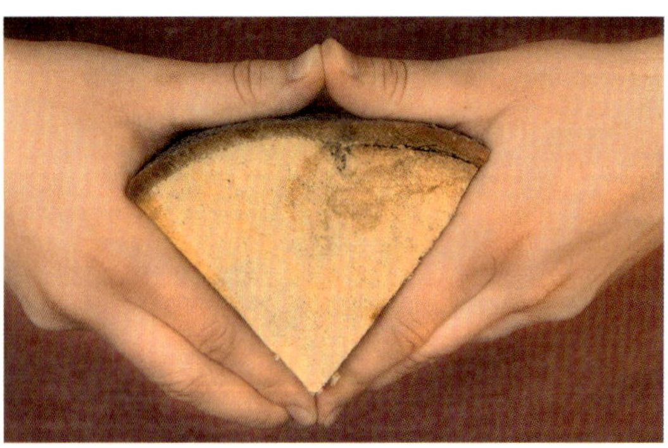

Falls Sie jemals über die Bedeutung dieser Handhaltung gerätselt haben: Ein Holzscheit mit diesem Umfang hat die richtige Größe für einen Kaminofen.

Manche Städte haben so enorme Probleme mit der Feinstaubbelastung, dass sie die EU-Mindeststandards für saubere Luft nicht mehr einhalten können. Verursacht wird sie durch eine Mischung von Fahrzeug- und Industrieemissionen sowie die aus diversen Feuerstätten – auch Wohnungsöfen haben ihren Anteil daran. Deswegen sind die Grenzwerte für den Feinstaub- und Kohlenmonoxid-Ausstoß von Feuerstätten seit März 2010 in der Bundes-Immissionsschutz-Verordnung (BImSchV) festgelegt, die inzwischen sogar noch verschärft wurde. Ihre Grundaussage: Werden bestimmte Grenzwerte nicht eingehalten, müssen die Altanlagen innerhalb gewisser Übergangsfristen nachgerüstet oder außer Betrieb gesetzt werden.

Richtig nachlegen

Aus diesen Gründen sind verantwortungsbewusste Ofenbesitzer bestrebt, ihren Kaminofen so umweltschonend wie möglich zu betreiben. Nachdem die ersten Scheite abgebrannt sind und die Flammen langsam zurückgehen, wird es Zeit, Holz nachzulegen. Bei Buchenholz mit einer längeren Glutphase – Phase 3, in der die meiste Wärme freigesetzt wird (siehe Seite 124) – lässt sich das Nachlegen unter Umständen etwas länger hinausschieben. Der richtige Zeitpunkt dafür ist von Ofen zu Ofen unterschiedlich. Ziehen Sie auch in diesem Punkt die Gebrauchsanweisung für Ihren Ofen zurate. Durch zu frühes Nachlegen und die damit verbundene Erhöhung des Glutbettes werden beispielsweise bei einigen Ofenmodellen die tief angebrachten Lüftungsschlitze verdeckt. Wartet man hingegen zu lange mit dem Nachlegen, kann die Brennraumtemperatur so weit absinken, dass nachgelegtes Holz schlecht anbrennt. Gegebenenfalls muss auch in diesem Stadium die Drosselklappe wieder geöffnet werden, um für einem optimalen Kaminzug zu sorgen (siehe Praxistipp Drosselklappe, Seite 133).

Die wichtigsten Tipps zum Nachlegen

Beherzigen Sie die folgenden einfachen Maßnahmen während der Hauptphase der Verbrennung und beim Nachlegen, um Ihren Ofen effizient, gesundheits- und umweltschonend zu betreiben:

- **Langsames Öffnen der Ofentür:** Öffnen Sie die Ofentür beim Nachlegen immer langsam, damit keine Aschenanteile oder Emissionen in den Wohnraum gesaugt werden. Es kann sinnvoll sein, vorher wie beim Anschüren ein Fenster zu öffnen, um den Zug zum Kamin zu unterstützen.
- **Kleine Brennstoffmengen:** Während man beispielsweise in einen Kachelofen mit seinen guten Speichereigenschaften größere Mengen Holz auf einmal einlegt und abbrennen lässt, legt man bei einem Kaminofen eher kleinere Brennstoffmengen in regelmäßigen Zeitabständen nach. Optimalerweise legen Sie je Kilowatt Nennwärmeleistung (NWL) Ihres Ofens alle 30 Minuten rund 0,15 Kilogramm Holz nach. Bei einem Ofen mit einer NWL von sieben Kilowatt ist das rund ein Kilo.
- **Nicht nur ein Scheit:** Legen Sie möglichst immer zwei Scheite nach, wenn Ihr Ofen einen großen Brennraum besitzt, vielleicht auch drei. Die Scheite sollten mit zwei bis drei Zentimeter Abstand parallel zueinander liegen und die Spaltflächen einen guten Kontakt zum Glutbett haben. Durch die gegenseitige Erhitzung brennen sie besser und schadstoffärmer ab.
- **Optimale Scheitgröße:** Beim Nachlegen kommt es unter anderem auf die richtige Größe der Scheite an. Das »Kompetenzzentrum für nachwachsende Rohstoffe« in Straubing hat dazu eine Reihe von Versuchen durchgeführt. Sie haben ergeben, dass Scheite mit einer Kantenlänge von unter fünf Zentimetern sehr schnell abbrennen. Dabei bilden sich vermehrt Gase, die zu kurz im Brennraum verbleiben, um vollständig verbrannt zu werden. Sie gelangen als schädliche Emission durch den Schornstein. Für ideal wurde eine

Zwei nebeneinanderliegende Scheite erhitzen sich gegenseitig und brennen optimal.

Kantenlänge zwischen sieben und zehn Zentimetern befunden – das entspricht einem Umfang von 20 bis 30 Zentimetern.

- Deswegen sollte man Rundlinge ab einer Stärke von zehn Zentimeter unabhängig von der Baumart immer ein Mal spalten. Sie verbrennen dann schadstoffärmer. Das liegt nicht nur an der besseren Trocknung, sondern auch an der Holzstruktur. Je mehr Rinde am Holz anhaftet, desto höher fällt der Ascheanteil aus und damit der Schadstoffausstoß.
- **Ausreichende Luftzufuhr:** Achten Sie unabhängig von der individuellen Schieber- und Klappentechnik des Ofens auf eine gute Luftversorgung. Sogenannte raumluftabhängige Kaminöfen beziehen ihre Luft aus der Wohnungsumgebung. Daher muss immer für eine ausreichende Frischluftzufuhr, etwa durch ein gekipptes Fenster, gesorgt sein. In unserer alten Wohnung hatten wir so einen Kaminofen, der seine Luft aus dem Raum, in dem er stand, bezog. Einmal ging das schon seit einiger Zeit brennende Feuer trotz guter Holzeinlage plötzlich zurück und begann zu schwelen. Ich konnte es mir zuerst nicht erklären, aber dann bemerkte ich, dass alle Fenster fest geschlossen waren. Ich öffnete eines, und nach wenigen Sekunden züngelten die Flammen wieder in die Höhe. Es hatte schlicht der zur Verbrennung nötige Sauerstoff gefehlt – was natürlich auch für die Bewohner nicht besonders gesund ist. Raumluftunabhängige Öfen beziehen die nötige Luft über einen zweiten Kaminschacht oder eine im Fußboden untergebrachte Zuleitung aus dem Freien.

Kaminofen und Dunstabzug

Mit einer eingeschalteten Dunstabzugshaube mit Abluftkanal ins Freie kann kein noch so gut ziehender Kamin konkurrieren. Das betrifft alle Einzelfeuerstätten, also raumluftabhängige und raumluftunabhängige Öfen sowie offene Kamine. Bei geschlossenen Fenstern würden nach kurzer Zeit Rauchschwaden durch die Wohnung ziehen. Eine leistungsfähige Dunstabzugshaube kann sogar Ruß und Feinstaub aus einem kalten Ofen saugen, sodass die Wände verschmutzt werden. Öffnen Sie daher unbedingt ein Fenster, wenn Sie am Herd stehen. Ein Fensterkontaktschalter sorgt dafür, dass sich die Dunstabzugshaube nur einschalten lässt, wenn das Küchenfenster geöffnet ist. Für Hausbelüftungssysteme ist ebenfalls eine entsprechende Sicherheitseinrichtung (»Unterdruckwächter«) vorgeschrieben. Auch wenn in ein altes Haus mit Einzelfeuerstätte eine neue Küche inklusive Dunstabzugshaube eingebaut wird, muss der zuständige Schornsteinfeger diese abnehmen.

Klare Sicht

Eine – wenn auch eher kosmetische – Angelegenheit soll an dieser Stelle noch erwähnt werden: Auch bei optimaler Beheizung werden sich irgendwann Staub und Ruß auf der Sichtscheibe des Kaminofens ablagern. Es gibt diverse Tipps und Ratschläge, wie man sie am besten reinigt. Eine Empfehlung lautet etwa, nasses Zeitungspapier in die Asche des Ofens zu tauchen und die Scheibe mit diesem Gemisch abzureiben. Dabei besteht allerdings die Gefahr, die Scheibe zu verkratzen, wenn sich in der Asche mineralischer Schmutz oder Sandkörnchen befinden. Ich wasche die Scheibe unseres Ofens einfach hin und wieder mit einem nassen Knäuel aus sauberem Küchenpapier ab und reibe sie anschließend mit ein paar weiteren Blatt trocken – dann sieht man auch das Feuer wieder.

Problemfall kalter Kamin

Jeder Ofenbesitzer hat es schon einmal erlebt: Nach dem Entfachen des Feuers zieht der Rauch nicht in den Kamin ab, sondern staut sich im Brennraum bzw. dringt durch die geöffnete Ofentür in den Wohnraum. Die Ursache ist ein kalter Kamin, genauer gesagt ein Kaltluftpfropfen, der sich im Kamin eingenistet hat. Das Phänomen tritt auf, wenn der Ofen längere Zeit nicht in Betrieb war und der Kamin entsprechend ausgekühlt ist. Sicher war schon einmal so mancher Ofenbetreiber, der es nach einer langen sommerlichen Entzugsphase im frühen Herbst nicht mehr ausgehalten hat und bei noch relativ warmen Außentemperaturen zum ersten Mal endlich wieder angeschürt hat, mit diesem Problem konfrontiert. Außen liegende Kamine sind übrigens besonders häufig betroffen, da sie schneller abkühlen als Innenkamine. Da kalte Luft dichter ist als warme, wirkt sie im Abzugsschacht wie ein Verschluss und hindert die warme Luft aus dem Ofen am Aufsteigen – das ist vor allem dann der Fall, wenn die Luft im Ofen sich nur langsam erwärmt, weil das Feuer zurückhaltend anbrennt.

Wie lässt sich dieses Problem lösen? Ich habe von Ofenbesitzern gehört, die mit einem Haarföhn Warmluft in Richtung des Abzugsrohrs blasen – das stelle ich mir als ziemlich staubige Angelegenheit vor. Abhilfe schafft ein stärkeres Lockfeuer, dessen rasche Hitzeentwicklung die Luft im Kamin erwärmt und sie nach oben steigen lässt. Manche verbrennen dazu größere Mengen von Papier, wodurch allerdings viel Asche im Ofenraum zurückbleibt. Besser geht es ganz einfach so: Setzen Sie beim Anzünden Ihres Gitterstapels eine großzügiger dimensionierte Kleinholzkrone auf als gewohnt, und verwenden Sie mehr schnell anbrennende Anzündhilfen, zum Beispiel Birkenrinde oder Fichtenharz. So kommt ein tüchtiges Lockfeuer zustande, und das Problem hat sich erledigt. Vergessen Sie nicht, vorher ein Fenster zu öffnen, um den Kaminabzug zu unterstützen.

Voraussetzungen für eine optimale Verbrennung

Zum Abschluss möchte ich noch einmal die grundlegenden Voraussetzungen für eine optimale Verbrennung zusammenfassen:

- Lesen Sie unbedingt die Gebrauchsanweisung für Ihren Ofen. Jedes Modell arbeitet etwas anders.
- Verbrennen Sie kein nasses Holz, keine Grünabfälle und keinen Hausmüll.
- Ofenfertiges Holz hat einen Wassergehalt von zehn bis 20 Prozent. Es sollte sauber sein und frei von Pilzen und Fäule. Die optimale Scheitgröße liegt bei etwas unter zehn Zentimetern.
- Achten Sie auf einen möglichst geringen Rindenanteil. Die mineralstoffhaltige Rinde erhöht den Asche- und damit auch den Feinstaubanteil bei der Verbrennung.
- Technische Trocknung des Holzes in einer Trockenanlage auf unter zehn Prozent Wassergehalt bringt keine Vorteile. Im Gegenteil: Es brennt schnell und unvollständig ab, wodurch der Schadstoffausstoß steigt. Durch den Kamin gelangen viele umweltbelastende Gase und Feinstäube in die Luft.
- Verwenden Sie aufgrund der kürzeren Transportwege Holz aus der Region.

Die gesäuberte Frontscheibe bietet eine klare Sicht auf die Flammen. Gemütlich!

Asche – Müll oder Dünger?

Damit sind wir am Ende angelangt, bei der Asche, die von einem Feuer bekanntlich bleibt. Kaminöfen mit unten liegendem Rost besitzen einen Aschekasten, der regelmäßig entleert werden muss. Dagegen wird bei Öfen mit fester Grundplatte die angesammelte Asche von Zeit zu Zeit mit einer flachen Handschaufel entnommen, damit die unteren Lüftungsschlitze des Ofens nicht überdeckt werden. Übertreiben Sie es aber nicht – man braucht keinen Staubsauger und schon gar keinen speziellen »Aschesauger«, um den Ofen sauber zu machen. Eine grobe Entnahme reicht, denn erstens fällt mit dem nächsten Brand sofort wieder Asche an, und zweitens fördert eine dünne Ascheschicht die Gluthaltung.

Aber wohin mit den staubigen Rückständen? Häufig wird diskutiert, ob man die Asche nicht einfach im Garten entsorgen kann. Nun ja, wie im Wort »entsorgen« schon anklingt: Bei Asche handelt es sich in erster Linie um Müll, und der gehört sicher nicht in den Garten. Das gilt auch für Asche von naturbelassenem Holz. Zwar enthält Holzasche von unbehandeltem Naturholz erst einmal keine Schadstoffe, aber hohe Anteile von Calcium, auch Magnesium, Phosphat und Pottasche (also Kaliumcarbonat), weshalb manche es sogar als Dünger empfehlen. Problematisch ist aber unter anderem der hohe pH-Wert der Asche, der den guten Gartenhumus ganz schön durcheinanderbringen kann.

Der Ofen muss nicht klinisch rein sein – die grobe Entnahme der Asche reicht vollkommen aus.

Es ist daher nicht zu empfehlen, die Asche einfach so im Garten zu verteilen! Länderabhängig kann dies sogar untersagt sein. Aus den selben Gründen verbietet es sich, den Ascheeimer, ohne weiter zu überlegen, im Komposthaufen auszuleeren, in dem ja sehr spezielle makro- und mikrobielle Zersetzungsvorgänge ablaufen.

Asche im Garten

Allerdings halten manche experimentierfreudige Gärtner eine Aschegabe von höchstens 30 Gramm pro Quadratmeter und Jahr durchaus für günstig. Offensichtlich profitieren manche Gemüsepflanzen davon. Auf diesem Gebiet gibt es Experten, die sich eingehend mit dem Thema befasst haben. Auch können die basischen Bestandteile der Asche neutralisierend auf einen übersäuerten Rasen wirken und beim Zurückdrängen von Moos helfen. Aber hierbei handelt es sich um sehr dosierte Anwendungen, die sicher nicht zur Verwertung der Asche aus einer ganzen Heizperiode geeignet sind. Deswegen gilt: Holzasche ist grundsätzlich als Müll anzusehen und als solcher zu entsorgen!

Sichere Entsorgung

Denken Sie daran, dass auch der Transportbehälter für die Asche aus Metall sein muss. Häufig befinden sich Stunden nach dem Verlöschen des Feuers Glutreste in der Asche, vor allem bei Verwendung von Buchenholz. Wer die Asche in der Mülltonne entsorgen will, sollte damit also einige Zeit warten – andernfalls könnte er ein stattliches Schmorloch in die heute übliche Kunststofftonne brennen.

Der Ascheeimer sollte aus Sicherheitsgründen unbedingt aus Metall sein.

Feuer im Freien

Was wären Feste im Freien, Camping oder ein lauer Sommerabend im heimischen Garten ohne ein zünftiges Feuerchen? Ob Feuerstelle, Schwedenfackel oder Grill: Mit dem nötigen Know-how, dem richtigen Holz und ohne dicke Rauchschwaden ist das gesellige Zusammensein noch schöner.

Feuerstellen im Garten

Eine Feuerstelle im eigenen Garten ist eine wunderbare Angelegenheit. Allerdings sollte man sich zuerst bei der zuständigen Stadt- oder Gemeindeverwaltung erkundigen, ob das auch erlaubt ist. Bestehen von dieser Seite keine Einwände, sollte man noch mit dem Nachbarn einig werden. Wichtig ist, dass sich niemand durch Rauch belästigt oder gar durch das offene Feuer in seiner Sicherheit bedroht fühlt.

Im Hausgarten kann man sich entweder eine feste, mit Steinen gesicherte Feuerstelle bauen oder an einem geeigneten Ort eine bewegliche Feuerschale bzw. einen Feuerkorb aus Stahl aufstellen. Zum Haus oder zu anderen durch das Feuer möglicherweise gefährdeten Einrichtungen wie zum Beispiel einem Schuppen sollte man einen ausreichenden Sicherheitsabstand einhalten. Fünf Meter sind das Minimum, jeder Meter mehr ist besser. Dann fehlen nur noch ein paar Sitzgelegenheiten, einen Gitarre und kalte Getränke, und schon ist alles bereit für die nette nachbarschaftliche Runde.

Das richtige Holz

So weit, so gut. Mit einer Einschränkung: Bei einem Lagerfeuer scheint der lästige Rauch aus unerfindlichen Gründen immer in die Richtung des eigenen Sitzplatzes zu ziehen. Man wird ordentlich durchgeräuchert und ringt gelegentlich um Luft. Doch das ist nicht zwangsläufig so: Zwar lässt sich die Windrichtung nicht beeinflussen, wohl aber die Rauchentwicklung. Das Problem ist, dass für Lagerfeuer aus Bequemlichkeitsgründen oft irgendwelches gerade verfügbares minderwertiges Abfallholz verwendet wird. Bei Jugendfreizeiten sammeln die Teilnehmer gerne zusammen Astholz im Wald – das

Eine feste Feuerstelle aus Stein verhindert, dass sich die Glut ungehindert ausbreitet. Bei der Anlage sind der Fantasie nur sicherheitstechnische Grenzen gesetzt.

gehört zum Gruppenbildungsprozess und ist pädagogisch gesehen sicher vollkommen in Ordnung. Nur, das Holz ist meistens nicht wirklich trocken und raucht im Feuer entsprechend stark. Die Situation ließe sich entschärfen, indem man kein auf dem Boden liegendes Holz verfeuert, sondern in die Luft ragende Äste von umgefallenen Bäumen. Sie sind meist recht gut durchgetrocknet – aber natürlich hängt es von der Einwilligung des jeweiligen Waldbesitzers ab, was gesammelt werden darf. Optimal wäre es, auch für ein Lagerfeuer ofentrockenes Holz zu verwenden.

Für unsere eigene Feuerstelle im Garten lagere ich neben den 25-Zentimeter-Scheiten für den Ofen immer einen Sommervorrat aus etwas längeren Lagerfeuer-Scheiten für die Feuerschale ein, vorzugsweise Laubholz wie Buche oder Birke. Nadelholz erzeugt zwar schöne helle Flammen, neigt aber wegen des Harzanteils zu intensivem Funkenflug. Wer ohne lange Beinkleider am Feuer sitzt, wird das zu schätzen wissen. Zudem ziehen sich viele bei kühleren Temperaturen gerne eine Fleecejacke über. Wenn dann die vom Nadelholz aufsteigenden Glutfunken neben der Feuerstelle niedersinken, hinterlassen sie in dem Kunststoff hässliche Schmorlöcher. Die Brandgefahr durch Funkenflug ist übrigens auch der Grund dafür, dass im offenen Kamin nur Laubholzscheite verschürt werden dürfen – das wissen viele nicht.

Der richtige Aufbau

Beim Lagerfeuer werden die meisten an den typischen zelt- oder pyramidenartigen Aufbau denken, bei dem die Scheite schräg gegeneinandergelehnt sind. Bei der Vorbereitung wird für Gewöhnlich zuerst etwas Kleinholz gitterartig im Zentrum aufgeschichtet und dann das größere Holz kreisförmig darum herum aufgeschichtet. Vermutlich hat sich diese Form etabliert, weil es damit am einfachsten erscheint, später weitere Holzstücke dazuzustellen. Dann wird das Kleinholz im Inneren entzündet – und jetzt passiert genau das, was wir im Kapitel »Einen Ofen betreiben« (Seite 128 bis

Das verbreitete zeltartige Aufschichten der Scheite für ein Lagefeuer sorgt für eine kräftige Rauchentwicklung.

Bei gitterartiger Schichtung raucht es weit weniger. Am intensiven Funkenflug erkennt man, dass Nadelholz verbrennt.

Richtlinien für Feuer im Freien

Für das Feuermachen in der freien Flur gelten in Deutschland bestimmte Vorschriften. Das Wichtigste in aller Kürze: Grundsätzlich braucht man immer die Erlaubnis des Grundstückeigentümers. In Waldnähe ist außerdem die Genehmigung durch die zuständige Forstbehörde erforderlich. Je nach Waldbrandgefährdungsstufe kann das Feuermachen auch generell untersagt sein. Erkundigen Sie sich daher vorab unbedingt nach den geltenden Bestimmungen in Ihrer Region, und beachten Sie auch bei Reisen in andere Länder die dort gültigen Regelungen – schließlich wollen Sie auf keinen Fall einen Waldbrand auslösen.

Mit einigen einfachen Vorkehrungen verhindern Sie, dass sich das Feuer unkontrolliert über den Boden, oder zum Beispiel durch eine abgetrocknete Humusauflage auch im Boden, ausbreitet. Entfernen Sie brennbare Vegetation um die Feuerstelle herum bis auf den Mineralboden. Dazu gehört auch längeres grünes Gras – durch das Feuer trocknet es und kann sich durch einen Funken entzünden.

Lassen Sie das Feuer nicht unbeaufsichtigt, halten Sie für den Notfall geeignete Löschmittel (Feuerlöscher) bereit. Löschen Sie das Feuer sorgfältig mit reichlich Wasser, bevor Sie die Feuerstelle verlassen. Das gilt auch für das kleine Lagerfeuer im Garten. Bei meiner Feuerschale verbrauche ich mindestens eine große Gießkanne voll mit Wasser, bis auch das letzte Glutnest verlöscht.

143) diskutiert haben: Im unteren Bereich beginnt das Holz zu brennen, weiter oben beginnt es auszugasen, entzündet sich aber nicht unbedingt. Das erkennt man eindeutig an der intensiven

Das Feuer wird 30 bis 45 Minuten vor dem Grillen entfacht. Brennt es richtig, kann man einige dünne Scheite nachlegen, um eine dickere Glutschicht zu erhalten.

Rauchentwicklung. Später beim Nachlegen werden dann die Scheite wieder mehr oder weniger schräg gegen die Glut des Resthaufens gestellt, sodass auch diese unterschiedlichen Temperaturen ausgesetzt sind – und es raucht weiter. Bis vor einiger Zeit habe ich das selbst auch so gemacht.

Seit ich unseren Kaminofen von oben anzünde, bin ich auch beim Lagerfeuer dazu übergegangen – und siehe da: Das Problem mit dem lästigen Rauch hat sich erledigt, die Rauchentwicklung ist auf ein Minimum zurückgegangen. Dazu gilt es lediglich drei Dinge zu beachten: Man verwendet lufttrockenes Holz, schichtet es, wie im Kaminofen, gitterartig auf, und zündet es von oben an. Auch beim Nachlegen werfen Sie die Scheite nicht lieblos ins Feuer, sondern legen sie mit etwas Abstand zueinander und mit der Spaltseite nach unten direkt auf die Glut. Das Resultat: Das Lagerfeuer brennt kontrolliert und gleichmäßig ab und macht noch viel mehr Freude als bisher.

Grillen mit Buchenholz

Im Sommer ist der Grill aus dem Garten kaum wegzudenken. Und auch, wenn Gas- und Elektrogrills immer beliebter werden, belegt den ersten Platz immer noch das Grillen über glühender Holzkohle.

Holzkohle kann aus unterschiedlichen Holzarten hergestellt werden; eine besonders hochwertige Qualität wird aus Buchenholz gewonnen. Das Holz wird in einem Kohlemeiler in einem schwelenden Feuer erhitzt; ist daraus Holzkohle entstanden, wird der Abbrand abgebrochen. Der überwiegende Teil der in Deutschland verkauften Grillkohle wird allerdings aus Ländern eingeführt, in denen die Waldbewirtschaftung weit weniger an ökologischen Kriterien ausgerichtet ist als in unseren Breiten. Wer das nicht unterstützen möchte, kauft zertifizierte Holzkohle aus nachhaltiger Waldwirtschaft – oder grillt gleich auf Buchenholz.

Wenn Buchenholz in einer Feuerstelle herunterbrennt, entsteht in der letzten Phase der Verbrennung ebenfalls Holzkohle und damit ein ausreichend heißes Glutbett zum Grillen. Ich lasse dazu nicht zu starke, höchstens fünf Zentimeter dicke Buchenscheite bis zur Glutphase in der Feuerschale abbrennen. Wenn Sie es ausprobieren, bekommen Sie schnell ein Gefühl dafür, wie viel Holz Sie für ein geeignetes Glutbett auflegen müssen. Dann kommt der mit einer Kette an einem Dreibein befestigte Schwenkgrill darüber. Der Abstand des Grillgutes zur Glut kann über die Kette ständig angepasst werden. Nach dem Essen werden Dreibein und Schwenkgrill zur Seite geräumt, und es geht mit dem Lagerfeuer weiter. Wenn Sie ein paar kleine Scheite mit der Spaltfläche nach unten in die Restglut legen und ein paar größere darüber, dann lodern die Flammen bald wieder auf.

Die Buchenholzvariante funktioniert natürlich auch mit dem normalen Standgrill, wenn Sie die Scheitgröße anpassen. Ist das Feuer weitgehend heruntergebrannt, kommt das Grillgut auf den Gitterrost.

Das Buchenholz ist zu glühender Holzkohle mit der richtigen Hitze geworden. Die Hitze passt. Falls nötig, wird die Glut noch gleichmäßiger verteilt.

Mit dem Schwenkgrill lassen sich auch größere Gruppen versorgen. Durch Nachlegen von dünnen Buchenspreißeln bleibt die Glut länger heiß.

Die Schwedenfackel

Eine besonders dekorative Form des Feuers im Freien ist die Schwedenfackel. Die ersten dieser kompakten Feuerstellen brannten in Mitteleuropa im Dreißigjährigen Krieg in den Lagern des schwedischen Heeres – daher der Name. Sie dienten vermutlich nicht nur als Licht- und Wärmequelle, sondern auch als Kochstelle. Wegen seiner höheren Anbrennqualitäten ist vor allem Nadelholz wie Fichte, Kiefer oder Lärche für diese Feuerform geeignet. Der verwendete Rundholzstock sollte etwa 70 bis 100 Zentimeter lang sein und einen Durchmesser von fünfundzwanzig bis vierzig Zentimeter haben. Es gibt zwei Arten von Schwedenfackeln: die ursprüngliche Form und den »Kamintyp«.

Besonders eignen sich Nadelholzstöcke. Das frische Kernholz brennt gut, das wasserhaltige Splintholz widersteht der Hitze, sodass der Stock nicht zu schnell durchglüht.

Der Urtyp

Die damaligen Landsknechte sägten meist vier sternförmig angeordnete Schnitte über zwei Drittel der Stammlänge ins Holz. Wegen der guten Luftversorgung über diese Längsöffnungen brennt dieser Urtyp der Schwedenfackel relativ schnell ab und bricht dann auseinander. Diese Form ist eine besondere, kräftige Lichtquelle für kleine Gartenfeste und ähnliche Anlässe. Achten Sie auf einen sicheren Aufstellort und einen geeigneten Untergrund – irgendwann fällt eine Menge Glut auf den Boden. Es ist sinnvoll, den Baumstamm schon vorher auf eine entsprechend feuerresistente Unterlage zu stellen, z. B. auf eine große Steinplatte oder ein Stück Stahlblech.

Die Kaminform (links) und die schwedische Urform (rechts) sind, mit langen Nägeln bestückt, auch als Kochstelle nutzbar.

Der Kamintyp

Wesentlich länger brennt der moderne »Kamintyp«. Zur Herstellung benötigen Sie eine Motorsäge, um eine zentrale Brennkammer in die Stirnfläche hineinzuschneiden. Sie können gerne einen frischen Nadelholzabschnitt verwenden, der auch außen noch nicht getrocknet ist. Im Außenbereich bleibt ein Ring aus feuchtem Splintholz stehen, das Feuer brennt im trockeneren Kernholz langsam in die Tiefe.

Schnittführung Urtyp: Den Stamm kreuzförmig einsägen, dabei einen Sockel stehen lassen.

Anzünden

Entzündet werden beide Formen der Schwedenfackel mit einem unserer bewährten Anzünder (siehe Seite 134), der oben in die zentrale Brennöffnung gesteckt wird. Ein paar trockene Holzspreißel unterstützen den Anfeuervorgang. Mitunter muss am Anfang nachgeholfen werden, bis das Holz an den Innenwänden glüht und die Flammen aus dem Brennloch herauslodern. Dazu drückt man am besten mit einer Fahrradpumpe oder einem Blasebalg Luft in das Zugloch. Hat eine Schwedenfackel erst einmal richtig Feuer gefangen, lässt sie sich nur noch mit viel Wasser löschen.

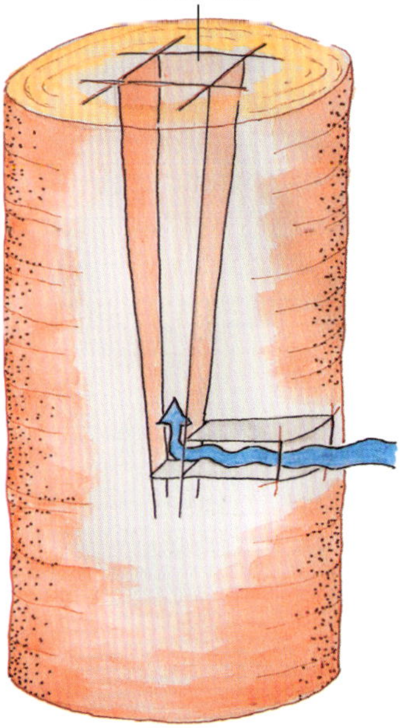

Schnittführung Kamintyp: Das Zugloch sorgt für optimale Luftversorgung.

Herstellung einer Schwedenfackel

Um eine traditionelle Schwedenfackel herzustellen (Bild oben), sägen Sie den Stamm kreuzförmig und senkrecht von oben her ein und führen die Schnitte je nach Stammlänge etwa 40 bis 60 Zentimeter nach unten. Darunter lassen Sie einen soliden Sockel von rund 30 Zentimetern stehen. Zur Herstellung des Kamintyps (Grafik) sollten Sie einen Motorsägekurs absolviert und Erfahrung im Umgang mit der Kettensäge haben, da man mit der Schwertspitze ins Holz einstechen muss. Sie tragen unbedingt Ihre Schutzausrüstung.

Das Schwert wird nach schräg oben weisend angesetzt …

… und mit einer fließenden Kippbewegung mit Vollgas ins Holz getaucht.

Nach dem Einschneiden lässt sich in der Mitte ein loser Keil entnehmen.

1. Setzen Sie das schräg nach oben weisende Schwert am liegenden Stock an und stechen Sie mit Vollgas mit einer fließenden Kippbewegung der Säge ins Holz ein. Auf diese Weise wird das Schwert nicht nach oben wegschlagen.
2. Beim weiteren stockparallelen Einschneiden drücken Sie das Schwert etwas nach unten, damit die auf der Oberseite auslaufende Kette nicht gegen das Holz stößt und die Säge zu prellen beginnt. Es werden zwei parallele, schwertlange, etwa acht bis zehn Zentimeter auseinanderliegende Schnitte geführt, die in der Tiefe leicht keilförmig aufeinander zulaufen.
3. Drehen Sie den Stock um 90 Grad und führen Sie zwei weitere Schnitte senkrecht zu den ersten. Am Schluss soll sich ein loser Keil entnehmen lassen. Für die Luftversorgung wird an der Basis der Brennkammer durch zwei Längs- und Querschnitte ein Zugloch in die Seite des Stockes gesägt.

Die Brenndauer beträgt je nach Durchmesser des Stockes und der Tiefe des Kamins etwa zwei bis drei Stunden. Allerdings lässt schon nach einiger Zeit das sichtbare, offene Feuer über der Kaminöffnung nach, und der Stamm glüht dann nur noch im Inneren weiter. Zum Warmhalten von Glühwein bei einer Winterparty wäre das ja noch in Ordnung, aber wer Wert auf ein loderndes Flammenbild legt, sollte eine entsprechende Menge Kleinholz bereithalten. Bei Bedarf wird es nach und nach von oben in die Kaminöffnung nachgefüttert, um das Feuer wieder anzufachen. Achten Sie bei beiden Formen der Schwedenfackel auf einen geeigneten Aufstellort – die Hitzeentwicklung ist so groß, dass selbst Straßenasphalt schmilzt, wenn am Ende die glühenden Überreste zu Boden fallen. Das ist uns nur ein Mal passiert. In diesem Zusammenhang noch ein letzter Tipp: Aus Sicherheitsgründen sollte man nicht nur im Haus, sondern auch bei allen Feuerstellen im Freien einen leistungsstarken Feuerlöscher bereithalten.

Kochen auf der Schwedenfackel – Frigga auf Mölltaler Art

Holzfäller in den Bergen benötigten für Ihre schwere Arbeit ein energiereiches und sättigendes Essen. Es war auch wichtig für sie, während des Tages eine warme Speise zu sich nehmen zu können. Daher hat sich die Zubereitung eines Gerichtes bewährt, das sich aus Zutaten zusammensetzt, die problemlos im Rucksack mitgeführt werden konnten.

Das Rezept stammt von Gerhard und Renate Liebhart, den Wirtsleuten des Gasthauses *Dorfschenke* in Stall im Mölltal (Kärnten/Österreich).

Zutaten für 4 Portionen

- 300 g durchwachsener Räucherspeck, in kleine Würfel geschnitten
- 1 Zwiebel, gewürfelt (optional)
- 3–5 mittelgroße rohe Kartoffeln, geschält und in dünne Scheiben geschnitten
- 400 g Almkäse (Mölltaler Almkäse oder Bergkäse) in kleine Würfel geschnitten
- Salz und Pfeffer
- 4 Scheiben Bauernbrot

1 Die Speckwürfel in einer geeigneten Pfanne über dem Feuer rühren, bis das Fett glasig wird und austritt. Wer mag, schwitzt Zwiebeln mit an.

2 Dann die Kartoffelscheiben auf dem Speck in der Pfanne verteilen und gar braten. Am besten geht das, wenn Sie die ersten 10 Minuten einen Deckel auflegen. Sobald die Kartoffelscheiben weich werden, den Deckel entfernen, damit die Flüssigkeit verdampft und die Kartoffeln knusprig werden. Alternativ nehmen Sie vorgekochte Kartoffeln.

3 Die Bratkartoffeln nach Geschmack salzen und pfeffern, den Käse dazugeben und einschmelzen lassen, dann genießen.

Ich richte den Frigga auf den Bauernbrotscheiben an, die mir am besten schmecken, wenn sie zuvor kurz über dem Feuer geröstet wurden.

Besonders gut wird der Frigga, wenn er auf offenem Holzfeuer zubereitet wird. Der Rauch gibt dem Gericht einen besonderen Geschmack. Natürlich schmeckt es auch vom heimischen Herd.

Für die schnelle Übersicht: Wie viel reine Holzmasse (fm) erhält man in …

1-Meter-Rundlinge, gestapelt

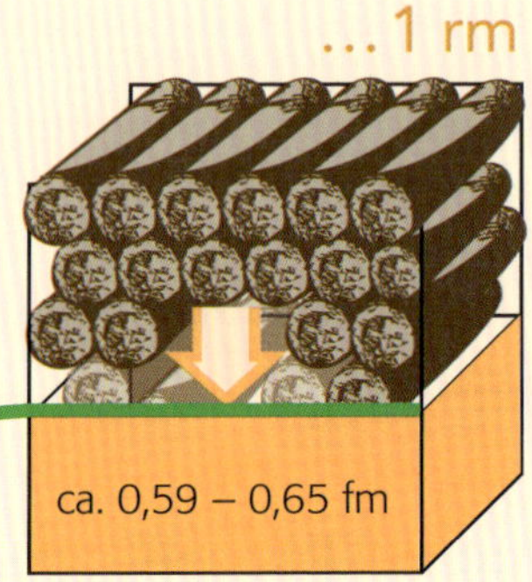

1-Meter-Scheite gespalten, gestapelt

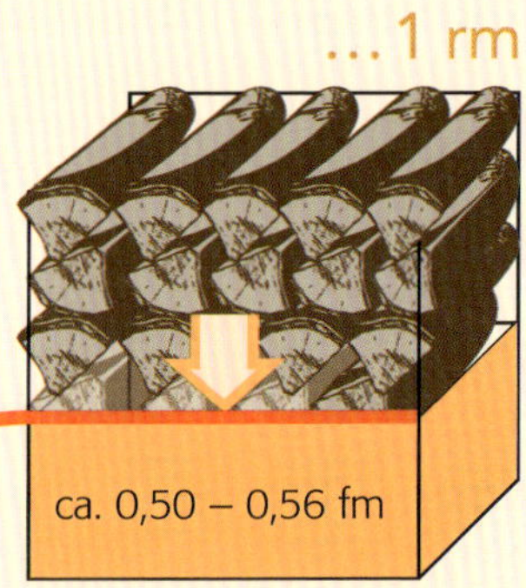

1-Meter-Scheite gespalten, Kreuzstapel

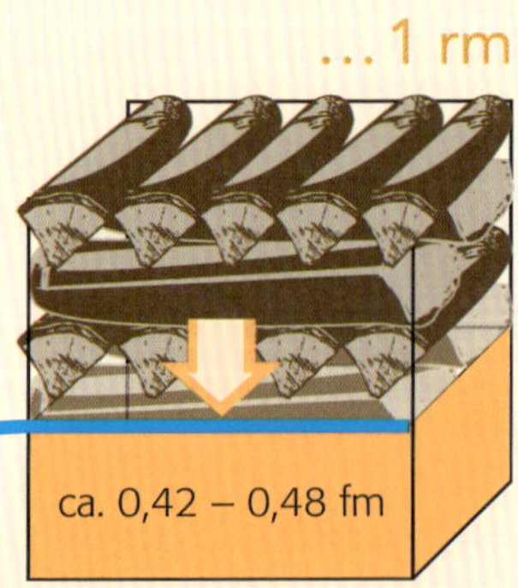

Scheitholz 33 cm, gestapelt

Scheitholz 33 cm, geschüttet

Hackschnitzel

Stichwortverzeichnis

Seitenzahlen mit * verweisen auf Abbildungen.

Verwendete Literatur

Bayerisches Landesamt für Umwelt, *Heizen mit Holz in Kaminöfen,* Augsburg 2010
Fachagentur Nachwachsende Rohstoffe e.V. (FNR), *Heizen mit Holz-So geht's richtig,* Ausgabe 2012
Jockenhövel, Albrecht, *Bergbau, Verhüttung und Waldnutzung im Mittelalter*, Stuttgart 1996
Küster, Hansjörg, *Geschichte des Waldes,* München 2008
Mantel, Kurt, *Wald und Forst in der Geschichte,* Hannover 1990
Müller, Werner, *Des Feuers Macht,* Frankfurt/Main 1987
Umweltbundesamt, *Heizen mit Holz,* Ausgabe 2012
Weber-Blaschke/Friedrich, *Stoffliche oder energetische Holznutzung*, AFZ-Der Wald 23/2015

Über den Autor

Hans Eiber hat an der Fachhochschule Weihenstephan Forstwirtschaft studiert und ist seit über 30 Jahren als Revierförster und Privatwaldberater bei der Bayerischen Forstverwaltung tätig. Auch nach Feierabend kann er das Thema Holz nicht loslassen – sein Holzhaus heizt er selbstverständlich mit heimischem und überwiegend selbstgemachtem Brennholz. Zu seinen weiteren Passionen gehört das Fischen, Jagen und Fotografieren. Er ist Autor zahlreicher Fachbeiträge und arbeitet auch als Fachübersetzer und Buchautor.

Dank

… für besondere Unterstützung an: Hans Wurm, Volker Binner, Tanja Ludstock, Werner Chmelik, Heiner Fleischmann, Paul Sebastian, Thomas Birgmann, Anita Biehler, Hedi und Wolfgang Panster, Konrad Dorner, Gerhard und Renate Liebhart, sowie den Burschenverein 07 in Raigering und seine Bildautoren Tobias Donhauser und Werner und Sebastian Biehler.

Impressum

Bibliografische Information der Deutschen Nationalbibliothek
Die Deutsche Nationalbibliothek verzeichnet diese Publikation in der Deutschen Nationalbibliografie; detaillierte bibliografische Daten sind im Internet über http://dnb.d-nb.de abrufbar.

BLV Buchverlag GmbH & Co. KG
80636 München

www.facebook.com/blvVerlag

Bildnachweis:
Alle Bilder Hans und Robin Eiber außer:
Archiv Hans Wurm: S. 12, 16, 20, 22, 23; Archiv Gerda Eiber: S. 19; Tobias Donhauser: S. 56, 58; Werner und Sebastian Biehler: S. 59; Konrad Dorner: S. 93 r. u.; Illustrationen: Hans Eiber
Grafiken: Uhl + Massopust, Aalen

Umschlagkonzeption und Gestaltung: BLV-Verlag
Umschlagfotos:
Vorderseite: Shutterstock
Rückseite: Hans Eiber

Lektorat: Sonja Forster, Carmen Achter
Herstellung: Ruth Bost
Layout/DTP: Uhl + Massopust, Aalen

Gedruckt auf chlorfrei gebleichtem Papier

Printed in Germany
ISBN 978-3-8354-1505-8

Hinweis
Das vorliegende Buch wurde sorgfältig erarbeitet. Dennoch erfolgen alle Angaben ohne Gewähr. Weder Autor noch Verlag können für eventuelle Nachteile oder Schäden, die aus den im Buch vorgestellten Informationen resultieren, eine Haftung übernehmen.

Genussmomente

CAMPING-KÜCHE

EMF

EIN BUCH DER
EDITION MICHAEL FISCHER

INHALTS-
VERZEICHNIS

PROVIDUS
PROVIDUS
PROVIDUS

GRUNDLAGEN

DIE RICHTIGE AUSRÜSTUNG

Das Wunderbare am Kochen im Freien ist, dass man wirklich nicht viel Equipment benötigt, um aus einer Handvoll Zutaten wunderbare Köstlichkeiten zu zaubern. Ganz gleich, ob eine elegante Einbauküche, eine mobile Campingküche oder ein einfacher Gaskocher zum Einsatz kommt, das Motto bleibt immer dasselbe: „Ein bisschen weniger von allem ist mehr und schafft Platz für das, was wirklich zählt."

Bei der Ausstattung des Vans spielt das Gewicht oftmals keine Rolle. Aussortiertes Geschirr und Besteck, alte Pfannen und Töpfe und andere Küchenutensilien von zu Hause können nachhaltig weiterverwendet werden. Da der Platz im Van jedoch begrenzt ist, ist es äußerst praktisch, wenn Teller, Schüsseln, Gläser, Pfannen und Töpfe gut stapelbar und etwas robuster sind. Bei Töpfen ist es wichtig, darauf zu achten, dass sie mit dem Elektro- oder Gasherd oder sogar Gaskocher der mobilen Campingküche funktionieren.

Eine leichtere und platzsparendere Alternative ist das klassische Campinggeschirr – das Nudelsieb, das sich im Nu in eine dünne Scheibe zusammenfalten lässt, die Pfanne mit abnehmbarem Stiel, damit sie leicht verstaut werden kann oder die Gabel, die zugleich Löffel ist. Auf den folgenden Seiten findest du eine hilfreiche Packliste für deine Van- und Campingküche für 2 Personen.

PACKLISTE UTENSILIEN

KÜCHENUTENSILIEN*	VAN-KÜCHE	ZELT	WANDERN
1 Gaskocher mit Gasflasche	✓	✓	✓
1 kleiner Topf mit Deckel	✓	✓	
1 großer Topf mit Deckel	✓		✓
1 Pfanne	✓	✓	
1 Nudelsieb	✓	✓	✓
1 Schneidbrett	✓	✓	✓
1 kleines Messer für Obst und Gemüse	✓	✓	✓
1 scharfes, großes Messer für Fleisch	✓	✓	
1 Dosenöffner	✓	✓	
1 Korkenzieher	✓		
1 Julienneschäler oder Gemüseschäler	✓	✓	
1 kleine Reibe (z. B. für Parmesan)	✓	✓	
1 Gemüsehobel	✓		
1 Holzkochlöffel	✓	✓	
1 Pfannenwender	✓	✓	
1 Schöpfkelle	✓	✓	
1 Schere	✓	✓	
1 Messbecher	✓		
Measuring Cups (1 TL, 1 EL, 1 Cup)	✓	✓	
1 kleine Küchenwaage	✓		
2 große Teller	✓	✓	✓

***FÜR 2 PERSONEN**

2 kleine Teller	✓	✓	✓
1 große Schüssel (z. B. für Salat oder zum Mischen der Zutaten für Pancakes)	✓	✓	
2 kleine Schüsseln für Salat, Suppen oder Müsli	✓	✓	✓
Besteck (Messer, Gabel, Esslöffel, Teelöffel)	✓	✓	✓
Wasserkocher für den Herd (oder mit Stromanschluss)	✓		
French Press, Espressokocher oder Filterkaffeekanne	✓	✓	
2 Einmachgläser (z. B. 500 ml)	✓		
2 Lunchboxen (z. B. aus Edelstahl)	✓	✓	✓
2 Bienenwachstücher	✓	✓	✓
wiederverwendbare Plastiksäckchen mit Zip-Verschluss oder kleine Stoffsäckchen	✓	✓	✓
Gummibänder zum Verschließen offener Verpackungen	✓	✓	✓
10- oder 20-Liter-Wassertank	✓		

DIE VORRÄTE

Auch hier gilt: je weniger, desto besser. Versuche also, dich bei den Vorräten auf das Wichtigste zu beschränken. Allerdings schaden ein paar grundlegende Dinge nie. Im Folgenden findest du ein paar Listen von unterschiedlichen Lebensmitteln, die dir als Inspiration für deinen Vorratsschrank auf Reisen dienen können – ob im Rucksack beim Wandern oder gut verstaut im Van.

GETREIDE

Getreide ist eines der wichtigsten Grundnahrungsmittel und reich an essenziellen Nährstoffen wie Ballaststoffen, Proteinen, Mineralien und Vitaminen. Sie alle sorgen für die notwendige Energie, die du für dein Abenteuer im Freien brauchst.

- Amarant und gepuffter Amarant (Pseudogetreide)
- Buchweizenkörner (Pseudogetreide)
- Dinkel, Dinkelflocken und Dinkelgrieß
- Haferflocken
- Hirse und Hirseflocken
- Mais und Maisgrieß
- Quinoa und Quinoaflocken (Pseudogetreide)
- (Vollkorn-)Reis, Reisflocken, Reispapier
- Roggen und Roggenflocken
- Spaghetti, Penne und Lasagneblätter
- Tortillas (aus Weizen oder Mais)

HÜLSENFRÜCHTE

Hülsenfrüchte sind reich an hochwertigen Proteinen, sättigenden Ballaststoffen, Mineralien und komplexen Kohlenhydraten. Während man zu Hause öfter mal getrocknete Hülsenfrüchte wie Kichererbsen frisch kochen kann, ist es beim Kochen in der Van-Küche eine wunderbare Alternative, auf Hülsenfrüchte aus der Dose oder dem Glas zurückzugreifen. Ein absoluter Favorit sind Kichererbsen – sie passen einfach immer und sind vielseitig in der Zubereitung. Gekocht, geröstet oder auch in Form von Falafel.

- Erbsen
- Glasnudeln (aus Erbsen, Mais oder Mungbohne)
- Kichererbsen
- Linsen (gelbe und rote)

NÜSSE, SAMEN & CO.

Durch ihre Vielzahl an Nährstoffen machen sie simple Gerichte reichhaltiger und spenden genau die Energie, die man für lange Tage an der frischen Luft benötigt.

- Cashewkerne
- Chia-Samen
- Hanfsamen (geschälte)
- Haselnusskerne
- Kakao-Nibs
- Kokoschips
- Kürbiskerne
- Leinsamen
- Mandeln
- Mohn
- Paranusskerne
- Sesam
- Sonnenblumenkerne
- Walnusskerne

KONSERVEN

Beim Campen sind Konserven wahre Lebensretter, denn sie sind superleicht zu lagern und lassen sich schnell in eine reichhaltige, frische Mahlzeit verwandeln.

- Apfelmus
- Erbsen
- Erdnussmus
- Essiggurken
- Kichererbsen
- Kidneybohnen
- Kokosmilch
- Linsen
- Mais
- Mandelmus
- Marmelade und Konfitüre
- Oliven
- Pesto
- Senf
- Tahin (Sesammus)
- Tomaten (stückig oder passiert)

GEWÜRZE

Gewürze sind etwas Wunderbares und verleihen jedem Gericht ihren ganz individuellen Geschmack. Während man zu Hause einwandfrei einzelne Gewürze miteinander kombinieren kann, ist es beim Campen hilfreich, die ein oder andere Gewürzmischung in der Van-Küche parat zu haben.

- Chiliflocken
- Currypulver
- Ingwer (gemahlen)
- Kakaopulver
- Kardamom (gemahlen)
- Knoblauchpulver
- Koriander (Samen und gemahlen)
- Kräuter (getrocknet, z. B. Schnittlauch, Oregano, Rosmarin und Basilikum)
- Kreuzkümmel (Samen)
- Kurkuma (gemahlen)
- Meersalz
- schwarzer Pfeffer
- Senfkörner
- Zimt (gemahlen)

GETRÄNKE

Für mich gehört beim Campen eine Tasse frisch gebrühter Kaffee einfach dazu. Ein kleiner Espressokocher oder eine French Press sind praktisch in der Zubereitung, beide funktionieren ganz unkompliziert. Aber auch Filterkaffee kann mit dem richtigen Kaffeepulver wunderbar schmecken. Beim Tee stellt sich nur die Frage, ob lose oder im Beutel. Der Unterschied liegt in der Qualität. Häufig sind die Teeblätter im Beutel zu stark zerkleinert, worunter Aroma und Geschmack leiden. Beim Campen sind Teebeutel jedoch viel praktischer in der Handhabung als loser Tee.

- Kaffee
- Tee

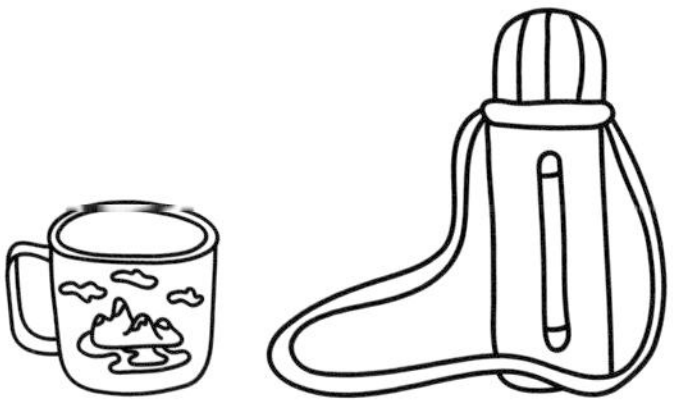

REZEPTE

FRÜHSTÜCKS-BOWL

mit Chia-Samen

FÜR 2 PORTIONEN

- 1 EL Chia-Samen
- 200 ml Kokosmilch (Dose)
- 2 Pfirsiche
- 2 EL geschälte Mandeln

SO GEHT'S

1 Die Chia-Samen mit der Kokosmilch verrühren, auf zwei Schalen verteilen und etwa 10 Minuten quellen lassen.

2 Inzwischen die Pfirsiche waschen, mit Küchenpapier abtrocknen und halbieren, jeweils den Stein entfernen und das Fruchtfleisch klein schneiden.

3 Die Mandeln grob hacken und mit den Pfirsichstückchen auf dem Chia-Samen-Mix verteilen.

TIPP

Je nach Angebot und Saison statt des Pfirsichs frische Beeren, Papaya, Mango oder/und Banane verwenden.

Apfel-Hirse-
PORRIDGE

FÜR 2 PORTIONEN

Für den Porridge
- 1 Apfel
- 140 g Hirseflocken
- 2 EL Chia-Samen
- 300 ml Mandeldrink
- 30 g Sesam
- 2 TL gemahlener Zimt
- 2 TL Ahornsirup

Für das Topping
- 2 TL Sesam
- ½ TL gemahlener Zimt

SO GEHT'S

1 Den Apfel waschen, vierteln, vom Kerngehäuse befreien und bis auf ein Viertel in kleine Stücke schneiden. Für das Topping das übrige Viertel in feine Spalten schneiden.

2 Die Hirseflocken, die Chia-Samen, den Mandeldrink und 150 ml Wasser in einen Topf geben und aufkochen. Anschließend bei mittlerer Hitze unter ständigem Rühren 10 Minuten köcheln lassen. Nach etwa der Hälfte der Kochzeit die Apfelstücke mit Sesam, Zimt und Ahornsirup einrühren.

3 Den Porridge auf zwei Schüsseln verteilen und mit Apfelspalten und Sesam garnieren. Abschließend mit etwas Zimt bestäuben.

TIPP

Statt des Apfels sorgen Birne oder Pfirsich für Abwechslung. Für eine Mehrtagestour in den Bergen können die trockenen Zutaten bereits zu Hause in einem Säckchen zusammengemischt werden. Anstelle der frischen Früchte eine Handvoll Dörrobst (z. B. getrocknete Äpfel, Feigen oder Aprikosen), in kleine Würfel geschnitten, verwenden.

Kokos-
MILCHREIS

FÜR 2 PORTIONEN

Für den Kokosmilchreis

- 150 g Reis
- 400 ml Kokosmilch (Dose)
- Salz

Für das Topping

- 3 EL Haselnusskerne
- 2 EL Ahornsirup
- ½ TL gemahlener Zimt

SO GEHT'S

1 Den Reis in ein feinmaschiges Sieb geben und so lange mit Wasser abspülen, bis es klar ist. Anschließend mit Kokosmilch, ca. 200 ml Wasser und 1 Prise Salz in einen Topf geben und aufkochen. Die Hitze reduzieren. Bei Bedarf noch etwas Wasser zugeben. Den Reis 20–30 Minuten unter ständigem Rühren köcheln lassen, bis die Flüssigkeit vom Reis vollständig aufgenommen wurde. In der Zwischenzeit die Haselnusskerne grob hacken.

2 Den Milchreis auf zwei Schüsseln oder in zwei Gläser verteilen und mit gehackten Haselnüssen, Ahornsirup und Zimt garnieren.

TIPP

Für eine schnelle Variante: Den Reis durch 120 g Reisflocken ersetzen und die Kokosmilch auf 200 ml reduzieren. Zum Haselnuss-Topping passen wunderbar ein paar frische Früchte der Saison.

Arme RITTER

FÜR 4 PORTIONEN

- 2 Eier (Größe M)
- 150 ml Milch
- 2 EL Zucker
- 6 Scheiben Weißbrot
- 2 EL Butter
- etwas Zimtzucker

SO GEHT'S

1 Die Eier mit Milch und Zucker in einer Schüssel verrühren.

2 Die Weißbrotscheiben diagonal halbieren. Die Butter in einer Pfanne portionsweise erhitzen. Die Brotdreiecke durch die Eiermischung ziehen und anschließend auf beiden Seiten knusprig braten.

3 Mit Zimtzucker bestreuen und servieren.

Eier-Käse-
SANDWICH

FÜR 2 PORTIONEN

- 1 Handvoll Blattsalat
- 2 TL Butter
- 2 Eier
- Salz, Pfeffer
- 2 Brötchen (z. B. Bagels)
- 4 Scheiben Käse (z. B. Bergkäse)

SO GEHT'S

1 Den Salat waschen, trocken schleudern und beiseitestellen.

2 1 TL Butter in einer Pfanne schmelzen. Die Eier vorsichtig am Pfannenrand aufschlagen, in die geschmolzene Butter gleiten lassen und für 4–5 Minuten bei mittlerer Hitze zu Spiegeleiern braten. Salzen und pfeffern.

3 In der Zwischenzeit die Brötchen oder Bagel halbieren. Beide Hälften mit der restlichen Butter bestreichen und mit etwa der Hälfte des Salates, dem Käse und dem Spiegelei belegen. Zum Abschluss den restlichen Salat und den Brotdeckel darauflegen und leicht zusammendrücken.

TIPP

Wird das Eier-Käse-Sandwich nicht gleich serviert, sondern erst am nächsten Tag im Schein der Morgenröte mit Blick auf die Berge, sollte der Dotter möglichst durchgegart bzw. gebraten werden. Das Eier-Käse-Sandwich kurz vor dem Zubettgehen belegen und in eine Lunchbox legen oder in ein Bienenwachstuch packen. So ist man in den frühen Morgenstunden gleich startklar.

HÜTTENKÄSE-MÜSLI

mit Aprikosenkompott

FÜR 2 PORTIONEN

Für das Kompott
- ca. 330 g Aprikosen

Für das Müsli
- 1 Apfel
- 2 Aprikosen
- 70 g Haferflocken
- je 1 EL Sesam, Kürbiskerne, Leinsamen, geschälte Hanfsamen
- 120 ml Milch
- 250 g körniger Frischkäse
- 1 EL Honig

SO GEHT'S

1 Für das Kompott die Aprikosen waschen, halbieren und vom Stein befreien. Anschließend die Hälften mit 50 ml Wasser in einen Topf geben und aufkochen. Die Hitze reduzieren und die Aprikosen mit geschlossenem Deckel bei niedriger Hitze 10 Minuten köcheln lassen. Gelegentlich umrühren. Vor der weiteren Verwendung etwas abkühlen lassen.

2 In der Zwischenzeit das Obst für das Müsli waschen, trocken tupfen und entkernen. Anschließend in kleine Würfel schneiden und mit den Haferflocken in eine Schüssel geben.

3 Die Samen und Kerne in einer kleinen Schüssel miteinander vermischen. Anschließend zwei Drittel der Mischung zu den Haferflocken geben. Die Milch mit dem körnigen Frischkäse und dem Honig zur Haferflocken-Obst-Mischung geben und alles gut vermengen.

4 Das Müsli auf zwei Schüsseln oder in zwei Einmachgläser für unterwegs verteilen und mit dem Kompott bedecken. Mit dem restlichen Samen-Kerne-Mix garnieren.

TIPP

Für noch mehr Aroma die Kerne und Samen rösten. Anstelle des selbst gemachten Aprikosenkompotts kann auch Apfel- oder Aprikosenmus aus dem Supermarkt verwendet werden.

Avocado-Fenchel-Salat
MIT GRAPEFRUIT

FÜR 2 PORTIONEN

Für den Salat
- 1 Avocado
- ½ Salatgurke
- 200 g Kirschtomaten
- 2 kleine Fenchelknollen
- ½ rote Zwiebel
- 1 Handvoll Rucola
- 1 Handvoll Koriandergrün (alternativ Petersilie)

Für das Dressing
- 1 Pink Grapefruit
- 6 EL Olivenöl
- 2 TL Honig
- 1 Bio-Limette
- 1 Handvoll Minze
- Salz, Pfeffer

SO GEHT'S

1 Die Avocado halbieren, entkernen und aus der Schale lösen. Das Fruchtfleisch zusammen mit der Gurke in kleine Würfel schneiden. Die Kirschtomaten halbieren.

2 Den Fenchel sowie die rote Zwiebel putzen und in feine Scheiben hobeln. Koriander fein zupfen und mit dem Rucola und den restlichen Zutaten für den Salat vermischen.

3 Für das Dressing die Pink Grapefruit mit dem Messer schälen und filetieren, dabei den Saft auffangen. Die Filets klein schneiden und zum Salat geben. Den Grapefruitsaft mit dem Olivenöl und dem Honig verrühren. Etwas Schale der Limette abreiben und die Limette auspressen. Limettenabrieb und -saft zum Dressing hinzufügen. Minze fein hacken, dazugeben und mit Salz und Pfeffer abschmecken.

4 Den Salat frisch mit dem Dressing marinieren und genießen.

SPAGHETTISALAT

mit Melone & Mozzarella

FÜR 2 PORTIONEN

Für das Dressing

- 2 EL Aceto balsamico
- 1 EL Olivenöl
- 1 TL Ahornsirup
- Salz

Für den Salat

- 140 g Spaghetti
- 10 Kirschtomaten
- ¼ Zuckermelone (z. B. Charentais, Galia oder Honigmelone)
- 150 g Blattsalat
- 100 g Mini-Mozzarella
- 2 EL Kürbiskerne

SO GEHT'S

1 Für das Dressing alle Zutaten mit 3 EL Wasser und 1 Prise Salz gut miteinander vermengen, dann beiseitestellen.

2 In einem Topf ausreichend Wasser aufkochen, die Spaghetti hinzugeben und nach Packungsanleitung garen.

3 Währenddessen die Tomaten waschen und halbieren. Die Zuckermelone von den Kernen befreien, schälen und in mundgerechte Würfel schneiden. Den Blattsalat waschen, trocken schleudern und zerpflücken. Die Mozzarellabällchen abgießen, unter Wasser abspülen, halbieren und in eine Schüssel geben.

4 Die Nudeln abgießen, abtropfen lassen und mit Salat, Melonenwürfeln und Kirschtomaten auf zwei Teller verteilen. Abschließend mit dem Dressing beträufeln und mit Kürbiskernen bestreuen.

TIPP

Gleich die doppelte Menge zubereiten, um den Salat am nächsten Tag bei einem Picknick am Strand zu genießen. Eine Lunchbox eignet sich hervorragend dafür. Dieser Salat ist ein einfaches Spiel, wenn Spagetti vom Vortag übrig geblieben sind.

BOHNENSALAT

mit Feta

FÜR 2 PORTIONEN

Für den Salat

- 1 Dose gemischte Bohnen (Abtropfgewicht 240 g)
- 1 rote Zwiebel
- 1 rote Paprika
- ½ Salatgurke
- 1 Bund frische Petersilie
- 150 g Feta

Für das Dressing

- 1 Knoblauchzehe
- 3 TL Chilisauce (z. B. Sriracha oder Tabasco)
- 2 EL Aceto balsamico bianco
- 1 EL Ahornsirup
- 3 EL Olivenöl
- Salz, Pfeffer

SO GEHT'S

1 Die Bohnen abgießen, kalt abspülen und gut abtropfen lassen. Die Zwiebel schälen, halbieren und in feine Scheiben schneiden. Die Paprika halbieren, putzen, waschen und klein würfeln.

2 Die Gurke streifig schälen und längs halbieren. Die Kerne mit einem Teelöffel herauskratzen. Das Fruchtfleisch in feine Scheiben hobeln oder schneiden. Die Petersilie waschen, trocken schütteln, Blätter von den Stielen abzupfen und grob hacken. Alle vorbereiteten Zutaten in eine Schüssel geben.

3 Für das Dressing den Knoblauch schälen und fein hacken. Die Chilisauce mit Essig, Ahornsirup in ein Schraubglas geben. Den Knoblauch und das Öl zugeben, das Glas verschließen und kräftig schütteln. Das Dressing mit Salz und Pfeffer abschmecken und über den Salat gießen. Alles gut vermischen. Den Feta darüberbröseln und servieren.

TIPP

Der Salat lässt sich superleicht vorbereiten und schmeckt sogar fast noch besser, wenn er einige Zeit durchgezogen ist.

Curry-Mais-
SUPPE

FÜR 2 PORTIONEN

- 1 kleine rote Zwiebel
- 2 Knoblauchzehen
- 1 TL Kokosöl
- 1 TL Currypulver
- 1 Msp. Chilipulver
- 1 TL Ahornsirup
- Salz
- 1 Zitrone
- 400 ml Kokosmilch (Dose)
- 230 g Mais (Dose)
- ½ TL Chiliflocken

SO GEHT'S

1 Die Zwiebel und den Knoblauch schälen und fein hacken. Das Kokosöl in einem Topf erhitzen. Die Zwiebeln, den Knoblauch, die Gewürze und den Ahornsirup mit ½ TL Salz hinzufügen und andünsten. Die Zitrone auspressen. Nach 2–3 Minuten den Zwiebel-Knoblauch-Mix mit dem Zitronensaft ablöschen, 100 ml Wasser einrühren und die Suppe für weitere 5 Minuten bei niedriger Hitze köcheln lassen.

2 Anschließend die Kokosmilch und den Mais hinzufügen, aufkochen und für weitere 5 Minuten köcheln lassen.

3 Die Suppe in zwei Schüsseln füllen und warm, mit Chiliflocken bestreut, servieren. Dazu passen zwei Scheiben Brot mit Butter.

TIPP

Bei Mehrtagestouren den Knoblauch durch 2 TL Knoblauchpulver und die Zwiebel durch 2 EL getrocknete Zwiebeln oder 2 TL Zwiebelpulver ersetzen. Der Ahornsirup lässt sich einfach durch 1 TL Kokosblütenzucker ersetzen und statt Zitronensaft eignet sich auch ½ TL Zitronensäure. Alle Zutaten vor der Wanderung in einem kleinen Beutel zusammenmischen und einpacken.

ROHKOST-GEMÜSE

mit Schafskäse-Quark

FÜR 2 PORTIONEN

Für das Gemüse

- 500 g Gemüse (z. B. Möhre, Staudensellerie, Paprika, Radieschen, Kohlrabi, Strauchtomaten)

Für den Schafskäse-Quark

- 100 g Schafskäse
- 150 g Quark
- 1 EL Olivenöl
- ½ Knoblauchzehe
- 2 Frühlingszwiebeln
- 1 Handvoll Petersilie
- etwa 10 Blätter Minze
- 1–2 EL Milch (alternativ Wasser)
- Salz, Pfeffer

SO GEHT'S

1 Das Gemüse gut waschen und schälen. Bei dem Staudensellerie die Fäden ziehen. Anschließend alles in feine Stifte schneiden.

2 Den Schafskäse fein zerbröseln und zusammen mit dem Quark und dem Olivenöl verrühren. Knoblauch schälen und sehr klein schneiden. Frühlingszwiebeln in feine Scheiben schneiden. Die Kräuter waschen und sehr fein hacken. Alles zu dem Quark geben und gut verrühren, die Schafskäsebrösel dabei mit einer Gabel etwas zerdrücken. Nach Belieben mit etwas Milch oder Wasser cremig rühren. Zum Schluss nur noch mit Salz und Pfeffer abschmecken.

ASIA-SALAT

mit Sauerkraut

FÜR 2 PORTIONEN

Für den Salat

- 1 Dose Sauerkraut (Abtropfgewicht ca. 380 g)
- 1 EL Dose Ananas (Abtropfgewicht ca. 350 g)
- ½ rote Chilischote
- 25 g Erdnusskerne

Für das Dressing

- 2 EL Sesamöl
- 1 EL Honig
- 1 EL Reisessig (alternativ Weißweinessig)
- Salz, Pfeffer
- ¼ Bund Koriandergrün

SO GEHT'S

1 Das Sauerkraut in ein Sieb geben, leicht ausdrücken und abtropfen lassen. Das Sauerkraut ggf. grob schneiden.

2 Die Ananas abtropfen lassen und klein würfeln. Die Chilischote halbieren und die Samen und weißen Trennwände entfernen. Die Chilischote waschen und in dünne Streifen schneiden. Die Erdnüsse grob hacken. Alles vorsichtig vermischen.

3 Für das Dressing Öl, Honig und Essig gründlich verquirlen und mit Salz und Pfeffer würzen. Den Koriander waschen, trocken schütteln und fein hacken.

4 Den Salat mit dem Dressing und dem Koriander vermischen. Nach Bedarf nochmals abschmecken.

TOMATENSALAT

mit Thunfisch

FÜR 2 PORTIONEN

- 1 Dose Thunfisch (Abtropfgewicht ca. 150 g)
- 400 g Tomaten
- 1 Zwiebel
- 100 g grüne und schwarze Oliven
- 3 EL Olivenöl
- 2 EL Weißweinessig
- Salz, Pfeffer

SO GEHT'S

1 Den Thunfisch abtropfen lassen. Die Tomaten waschen, von den Stielansätzen befreien und in Scheiben schneiden. Die Zwiebel schälen, halbieren und in Streifen schneiden. Den Thunfisch mit einer Gabel fein zerpflücken. Die Oliven nach Belieben entsteinen.

2 Alle Zutaten mit Olivenöl und Weißweinessig mischen. Den Salat mit Salz und Pfeffer würzen.

Limettenreis-Wraps MIT GUACAMOLE

FÜR 2 PORTIONEN

Für die Wraps

- 100 g Reis
- 2 Limetten
- 125 g Kidneybohnen (Dose)
- 1 Dose Mais (Abtropfgewicht 140g)
- 1 gelbe Paprika
- ½ Kopf Blattsalat
- 4 Vollkorn-Tortillas (Fertigprodukt)
- Salz
- Chiliflocken
- 1 EL schwarzer Sesam

Für die Guacamole

- 1 Avocado
- 1 Zitrone
- 1 TL Ahornsirup
- Salz

SO GEHT'S

1 Den Reis in ein feinmaschiges Sieb geben und so lange mit Wasser abspülen, bis es klar ist. Mit ca. 400 ml Wasser in einen Topf geben und aufkochen. Die Limetten auspressen. Die Hitze reduzieren und den Saft der Limetten einrühren. Den Reis für 20 Minuten köcheln lassen, bis die Flüssigkeit vollständig aufgenommen wurde, dann beiseitestellen.

2 In der Zwischenzeit die Bohnen und den Mais abgießen, unter Wasser abspülen, abtropfen lassen und in eine Schüssel geben. Die Paprika halbieren, putzen, waschen und in kleine Würfel schneiden. Den Salat waschen, trocknen und zerpflücken.

3 Für die Guacamole die Avocado halbieren, den Kern entfernen und das Fruchtfleisch mit einem Löffel aus der Schale lösen. In eine kleine Schüssel geben und mit der Gabel zermusen. Die Zitrone auspressen und den Saft mit dem Ahornsirup hinzufügen und zu einer cremigen Masse verrühren. Mit Salz abschmecken.

4 Die Tortillas in einer Pfanne ohne Fett erwärmen, dann mittig mit Guacamole bestreichen und mit Salatblättern, Limettenreis, Kidneybohnen, Mais und Paprika belegen. Mit Salz, Chiliflocken und schwarzem Sesam bestreuen und zusammenrollen. Dazu den Wrap zuerst rechts und links über die Zutaten einschlagen, dann von unten nach oben fest aufrollen.

Griechischer NUDELSALAT

FÜR 2 PORTIONEN

- 160 g Nudeln (z. B. Orecchiette)
- Salz
- 1 rote Zwiebel
- 2 Tomaten
- ½ Salatgurke
- 1 Paprika
- 100 g Feta
- 50 g schwarze Oliven
- Salz, Pfeffer
- Oregano
- 1 EL Olivenöl

SO GEHT'S

1 Nudeln nach Packungsanweisung in Salzwasser kochen, abgießen und abtropfen lassen.

2 Zwiebel schälen, halbieren und in Scheiben schneiden. Gemüse waschen. Tomaten achteln, Gurke vierteln und in Scheiben schneiden. Paprika in Streifen schneiden. Feta in 1 cm große Würfel schneiden. Oliven je nach Größe ganz lassen oder halbieren.

3 Gemüse und Käse zu den abgetropften Nudeln geben.

4 Mit Salz, Pfeffer, Oregano und Olivenöl anmachen.

YUM

LINSENSUPPE

mit Kokosmilch

FÜR 2 PORTIONEN

- 1 Zwiebel
- 1 Knoblauchzehe
- 1 TL Kokosöl
- 200 g rote Linsen
- 400 g stückige Tomaten (Dose)
- 100 ml Kokosmilch (Dose)
- 1 TL Currypulver
- 1 TL gemahlene Kurkuma
- Salz, Pfeffer
- 2 TL Sesam (nach Belieben)
- Kresse (nach Belieben)
- 2 TL Erdnüsse (nach Belieben)

SO GEHT'S

1 Zwiebel und Knoblauch schälen und fein würfeln. Kokosöl in einem Topf erwärmen, Zwiebeln und Knoblauch darin glasig dünsten. Linsen hinzufügen und mit stückigen Tomaten ablöschen. 400 ml Wasser, Kokosmilch, Curry und Kurkuma untermischen. 15 Minuten köcheln lassen, ab und zu umrühren. Am Ende kräftig salzen und pfeffern.

2 Nach Belieben mit Sesam, Kresse und Erdnüssen bestreuen und ggf. mit einem kleinen Schluck Kokosmilch garnieren.

Rote-Bete-
RISOTTO

FÜR 4 PORTIONEN

- 600 g Rote Bete
- 1 rote Zwiebel
- 1 Knoblauchzehe
- 1 TL Gemüsebrühe (Pulver)
- Salz
- 2 EL Olivenöl
- 250 g Risotto-Reis
- 150 ml Rotwein
- 40 g Parmesan, plus etwas mehr zum Garnieren
- Kresse
- 2 EL Pinienkerne

SO GEHT'S

1 Rote Bete waschen, schälen und in 1 cm große Würfel schneiden. Zwiebel und Knoblauch ebenso schälen und hacken. 800 ml Wasser aufkochen, die Gemüsebrühe und ½ TL Salz einrühren.

2 Olivenöl in einen Topf geben, Zwiebel und Knoblauch darin glasig dünsten. Rote Bete und Reis ebenso kurz andünsten, mit Rotwein ablöschen. Brühe hinzufügen und 20 Minuten köcheln lassen, regelmäßig umrühren. Parmesan reiben und untermischen, vor dem Servieren weitere 5 Minuten durchziehen lassen.

3 Mit Kresse, gerösteten Pinienkernen und Parmesanraspeln anrichten und servieren.

Chili

SIN CARNE

FÜR 4 PORTIONEN

- 2 Zwiebeln
- 2 Knoblauchzehen
- 1 Möhre
- 1 Paprika
- 2 EL Olivenöl
- 400 g Tomatensauce (Dose oder Glas)
- 2 Dosen Kidneybohnen (Abtropfgewicht 300g)
- 1 große Dose Mais (Abtropfgewicht 300 g)
- 200 g rote Linsen
- 3 TL Paprikapulver
- 1 TL Chilipulver
- Salz, Pfeffer
- Petersilie (nach Belieben)

SO GEHT'S

1 Zunächst Zwiebeln und Knoblauch schälen, klein hacken. Möhre und Paprika waschen, trocken tupfen, putzen und in Würfel schneiden.

2 Öl in einen Topf geben, Zwiebeln und Knoblauch glasig dünsten. Paprika- und Möhrenstücke hinzugeben, 2 Minuten anbraten, dann mit Tomatensauce ablöschen, 5 Minuten köcheln lassen.

3 Bohnen und Mais abtropfen lassen, abspülen und hinzugeben. Rote Linsen in einem Sieb gründlich mit Wasser abwaschen und ebenso in den Topf geben, mit 300 ml Wasser auffüllen. Chili sin Carne 10 Minuten köcheln lassen. Mit Paprikapulver, Chili, Salz und Pfeffer würzen. Wer möchte kann das Chili mit gehackter Petersilie garnieren.

ONE-POT-PASTA

mit Filet

FÜR 2 PORTIONEN

- 1 Zwiebel
- 1 Dose grüne Bohnen (Abtropfgewicht 220 g)
- 300 g Schweinefilet
- 1 EL Rapsöl
- 400 ml Milch
- Salz, Pfeffer
- frisch geriebene Muskatnuss
- 200 g Bandnudeln
- ½ Bund Petersilie
- 2 EL Schmand

SO GEHT'S

1 Die Zwiebel schälen und fein würfeln. Die Bohnen abgießen, gut abtropfen lassen und in grobe Stücke schneiden. Das Fleisch trocken tupfen und in ca. 2 cm große Würfel schneiden.

2 Das Öl in einem Topf erhitzen. Das Fleisch darin rundherum kräftig anbraten. Zwiebel zugeben und kurz mitbraten. Die Milch und 250 ml Wasser zugießen und alles aufkochen. Mit Salz, Pfeffer und etwas Muskat würzen. Die Nudeln zugeben und 15–18 Minuten bei mittlerer Hitze offen garen lassen. Dabei am Anfang ab und zu, am Ende öfter umrühren, damit die Nudeln nicht ansetzen. Nach ca. 10 Minuten die Bohnen zugeben, unterrühren und mitgaren.

3 Inzwischen die Petersilie waschen, trocken schütteln, die Blättchen von den Stielen zupfen und fein hacken. Die Nudeln mit Salz und Pfeffer abschmecken, die Petersilie und den Schmand untermischen und servieren.

TIPP

Statt Bohnen könnt ihr auch anderes Gemüse aus der Dose verwenden. So passen Mais, Erbsen oder Champignons hier super dazu!

SALT
PURIFIES &

MINESTRONE

FÜR 4 PORTIONEN

- 1 Zwiebel
- 300 g Kartoffeln
- 450 g Gemüse (z. B. 3 Möhren, 1 Zucchini, 1 Stück Knollensellerie, 150 g Spinat)
- 2 Stiele Petersilie
- 3 EL Olivenöl
- 100 g Tomatensauce (Dose oder Glas)
- 1 TL Gemüsebrühe (Pulver)
- 120 g Kichererbsen (Glas)
- Salz

SO GEHT'S

1 Die Zwiebel schälen und würfeln. Kartoffeln und Gemüse waschen und in mundgerechte Stücke schneiden. Petersilie waschen, trocken schütteln und fein hacken.

2 Öl in einem großen Topf erhitzen, Gemüse für 5 Minuten anbraten, dann mit 700 ml Wasser und der Tomatensauce ablöschen. Das Gemüse sollte nun knapp mit Wasser bedeckt sein. Gemüsebrühe, Kichererbsen und 1 TL Salz einrühren und die Suppe 15 Minuten köcheln lassen.

ONE-PAN-PIZZA

mit Birne und Mozzarella

FÜR 2 PORTIONEN

Für die Pizza

- 1 EL Honig
- 1 Pck. Trockenhefe
- 250 g Dinkelmehl (Type 630)
- Salz
- 2 EL Olivenöl
- 10 Kirschtomaten
- 1 Kugel Mozzarella (125 g)
- 1 rote Zwiebel
- 1 Birne
- 200 g passierte Tomaten (Dose)
- 1 EL Ahornsirup (alternativ Honig)
- 2 TL getrocknete Kräuter

Außerdem

- Öl zum Braten
- Mehl zum Arbeiten
- Nudelholz oder Flasche zum Ausrollen

SO GEHT'S

1 Eine große Pfanne mit etwas Öl bestreichen und mit Mehl bestäuben.

2 Den Honig und die Hefe mit 50 ml lauwarmem Wasser verrühren, bis sich die Hefe vollständig aufgelöst hat. Anschließend ruhen lassen, damit sich kleine Bläschen bilden.

3 Das Mehl und 1 TL Salz in eine große Schüssel geben. Das Olivenöl, die Hefemischung und 250 ml Wasser hinzufügen. Die Zutaten miteinander vermengen und zu einem glatten Teig verkneten. Anschließend den Teig in eine mit etwas Mehl bestäubte Schüssel geben, mit einem Geschirrtuch abdecken und 30 Minuten gehen lassen.

4 In der Zwischenzeit die Tomaten waschen und halbieren. Den Mozzarella trocken tupfen und in dünne Scheiben schneiden. Die Zwiebel schälen und ebenfalls in dünne Scheiben schneiden. Die Birne waschen, vierteln, vom Kerngehäuse befreien und in feine Spalten schneiden.

5 Eine Arbeitsfläche oder ein Schneidbrett mit etwas Mehl bestäuben. Den Teig dünn ausrollen und entweder ganz oder portionsweise in die vorbereitete Pfanne drücken. Dabei den Rand etwa 1 cm hochziehen.

6 Den Pizzaboden mit der Tomatensauce bestreichen. Mit Birnenspalten, Tomaten, Mozzarella und Zwiebelringen belegen. Die Pizza mit ein wenig Ahornsirup beträufeln – das sorgt für einen leichten Karamellgeschmack – und mit getrockneten Kräutern bestreuen.

7 Die Pizza bei mittlerer Hitze auf der Herdplatte oder dem Gaskocher etwa 20 Minuten backen.

WRAPS

mit Spiegeleiern

FÜR 2 PORTIONEN

Für den Joghurt-Tahin-Dip

- 1 Zitrone
- 100 g griechischer Joghurt
- 1 TL Honig
- 2 TL Tahin (Sesammus)
- ½ TL Dukkah (Gewürzmischung)

Für die Wraps

- 4 Maistortillas (Fertigprodukt)
- 1 EL Olivenöl
- 4 Eier (Größe M)
- 80 g Rucola

SO GEHT'S

1 Für den Dip die Zitrone auspressen. Den Saft zusammen mit den weiteren Zutaten in einer Schüssel vermischen.

2 Die Wraps in einer Pfanne ohne Fett erwärmen. Beiseitestellen und bis zum Servieren warm halten.

3 Das Olivenöl in der Pfanne erhitzen. Die Eier in die Pfanne schlagen und in 4–5 Minuten bei mittlerer Hitze zu Spiegeleiern braten. In der Zwischenzeit den Rucola waschen und trocken schleudern.

4 Die Wraps mit Rucola belegen und mit dem Joghurt-Tahin-Dip beträufeln. Das Spiegelei mittig daraufsetzen.

MAULTASCHEN-
Pfanne

FÜR 4 PORTIONEN

- 800 g Maultaschen (Fertigprodukt)
- 1 große Zwiebel
- 2 EL Butter
- 2 Eier (Größe M)

SO GEHT'S

1 Die Maultaschen in 1 ½ cm dicke Streifen schneiden. Die Zwiebel schälen und anschließend in Ringe schneiden.

2 1 EL Butter in einer Pfanne erhitzen und die Zwiebel darin 10 Minuten rösten. In einer zweiten Pfanne die restliche Butter erhitzen und die Maultaschenstreifen darin 5 Minuten braten.

3 Die Eier verquirlen, darübergießen und kurz stocken lassen. Alles salzen, pfeffern und mit einem Pfannenwender lösen. Die Maultaschen mit gerösteten Zwiebeln servieren.

SHAKSHUKA

mit weißen Bohnen

FÜR 2 PORTIONEN

- 1 Dose weiße Bohnen (Abtropfgewicht 250 g)
- 1 kleine Zucchini
- 1 Zwiebel
- 1 Knoblauchzehe
- 2 EL Olivenöl
- Salz, Pfeffer
- ¼ TL gemahlener Kreuzkümmel
- ½ TL geräuchertes Paprikapulver (alternativ edelsüßes Paprikapulver)
- Chilipulver (nach Belieben)
- 1 Dose stückige Tomaten (Füllgewicht 400 g)
- 1 Prise Zucker
- 4 Eier (Größe M)
- 1 Stängel Petersilie
- 50 g Feta

SO GEHT'S

1 Die Bohnen abgießen, kalt abspülen und gut abtropfen lassen. Zucchini putzen, waschen und in ca. 1 cm große Würfel schneiden. Die Zwiebel und den Knoblauch schälen und fein würfeln. Das Öl in einer großen beschichteten Pfanne erhitzen. Die Zwiebel darin andünsten, die Zucchini zugeben und unter Wenden bei starker Hitze ca. 5 Minuten braten. Den Knoblauch zugeben und kurz mitbraten. Mit Salz, Pfeffer, Kreuzkümmel, Paprikapulver und Chili nach Belieben würzen. Die Tomaten und die Bohnen zugeben, aufkochen und bei starker Hitze ca. 5 Minuten einkochen lassen.

2 Die Sauce mit Salz, Pfeffer und Zucker würzig abschmecken. Mit einem Löffel 4 Mulden in die Sauce drücken. Die Eier einzeln in einer Tasse aufschlagen und vorsichtig in je 1 Kuhle gleiten lassen. Das Eiweiß mit einem Löffel jeweils etwas über die Eigelbe ziehen. Anschließend zugedeckt ca. 6 Minuten garen, bis die Eier gestockt sind.

3 Die Petersile waschen, trocken schütteln und hacken. Den Feta über die fertige Shakshuka bröseln. Mit der Petersilie bestreuen. Dazu schmeckt Fladenbrot.

TIPP

Statt der weißen Bohnen schmecken auch andere Hülsenfrüchte aus der Dose wie z. B. Kidneybohnen, schwarze Bohnen, Kichererbsen oder Linsen sehr gut.

Herzhaftes

KÄSE-OMELETT

FÜR 4 PORTIONEN

- 8 Eier (Größe M)
- 4 EL Milch
- 50 g geriebener Käse (z. B. Bergkäse)
- Salz, Pfeffer
- 50 g Butter

SO GEHT'S

1 Eier mit Milch in einer Schüssel verquirlen und den Käse unterrühren. Die Eiermischung mit Salz und Pfeffer würzen.

2 Die Butter in einer großen beschichteten Pfanne erhitzen, bis sie schäumt. Dann die Eiermischung dazugeben und etwa 3 Minuten anbacken lassen. Eine Hälfte des Omeletts über die andere klappen und kurz backen.

3 Dann das Omelett auf eine vorgewärmte Servierplatte gleiten lassen und sofort servieren.

IMPRESSUM

Bibliografische Information der Deutschen Bibliothek.

Die Deutsche Bibliothek verzeichnet diese Publikation in der Deutschen Nationalbibliografie.
Detaillierte bibliografische Daten sind im Internet über http://www.dnb.de/ abrufbar.

EIN BUCH DER EDITION MICHAEL FISCHER

1. Auflage 2022

Covergestaltung: Emilia Ruppel
Satz: Anna-Maria Köperl
Projektleitung und Lektorat: Paulina Schick

Bilder: S. 2, 3, 17, 19, 23, 25, 29, 33, 41, 55, 57: Jessica Lerchenmüller, Dornbirn; S. 3, 31, 51, 61: Klara & Ida, Stuttgart; S. 4: ©Taryn Elliott/Pexels; S. 6: ©Uriel Mont/Pexels; S. 7: ©Steve Cukrov/Shutterstock; S.9: ©PRESSLAB/Shutterstock; S. 12: ©Dan Edwards/Unsplash; S. 15, 21, 39, 63: Sabrina Sue Daniels, Frankfurt a. Main; S. 27, 35, 37: Nadja Buchczik, Bielefeld; S. 43, 45, 47, 49, 53: Maria Panzer; S. 59 ©Bern Juergens/Shutterstock

Illustrationen (S. 11): ©Anna Druzhkova/Shutterstock

Texte Grundlagenteil (S. 6–11): Jessica Lerchenmüller

Rezepte: S. 14, 20, 38, 58, 62: Rose Marie Donhauser; S. 16, 18, 22, 24, 28, 32, 40, 54, 56: Jessica Lerchenmüller; S. 26, 43: Anton Enns; S. 30, 50, 60: Inga Pfannebecker; S. 36: Christina Wiedemann; S. 42, 44, 46, 48, 52: Maria Panzer

ISBN 978-3-7459-0938-8

Gedruckt bei PNB Print SIA „Jansili“, Silakrogs, Ropazu novads, LV-2133, Lettland

www.emf-verlag.de